环境工程微生物学实验

主　编　王秀菊　王立国

副主编　何　芳　刘　素　韩雪梅
　　　　王仲鹏　赵春辉　柳彩云

中国海洋大学出版社
·青岛·

图书在版编目(CIP)数据

环境工程微生物学实验 / 王秀菊,王立国主编.—
青岛:中国海洋大学出版社,2019.9(2021.1重印）
ISBN 978-7-5670-1761-0

Ⅰ.①环… Ⅱ.①王…②王… Ⅲ.①环境微生物学
－实验－高等学校－教材 Ⅳ.①X172-33

中国版本图书馆 CIP 数据核字(2019)第 236889 号

出版发行	中国海洋大学出版社			
社 址	青岛市香港东路 23 号	**邮政编码**	266071	
出 版 人	杨立敏			
网 址	http://pub.ouc.edu.cn			
电子信箱	lanyueshusheng@163.com			
订购电话	0532－82032573(传真)			
责任编辑	孙玉苗	**电 话**	0532－85901040	
印 制	日照报业印刷有限公司			
版 次	2019 年 9 月第 1 版			
印 次	2021 年 1 月第 2 次印刷			
成品尺寸	185 mm×260 mm			
印 张	12.75			
字 数	253 千			
印 数	1001～2000			
定 价	39.00 元			

前　　言

2017 年 2 月以来，教育部积极推进新工科建设，先后形成了"复旦共识"，开展了"天大行动"，发布了"北京指南"，并采取了一系列新工科建设研究与实践的举措，全力探索形成领跑全球工程教育的中国模式、中国经验，助力高等教育强国建设。在新工科背景下，为主动应对新一轮科技革命与产业变革，高等学校环境微生物学实验教材内容的优化与更新日趋紧迫。

济南大学于 20 世纪 90 年代初开始设立环境工程微生物学课程。学校历任授课老师都为环境微生物学实验项目的设计和内容的选定花费了大量精力和心血。经过近 30 年的试用、修改、补充，本校环境工程微生物学实验教学逐步形成了较稳定的组织构架。这部《环境工程微生物学实验》为高等学校环境微生物学实验教材；是在前辈的多年工作基础上，根据环境工程微生物学的发展现状和新工科本科教学的实际需要，参阅和学习了大量实验教材，经过反复修改、选粹、扩充而成的；是济南大学全体环境微生物实验教师集体智慧的结晶。

环境工程微生物学是一门环境学、工程学、微生物学等多学科交叉的新兴学科，与之配套的实验教材内容丰富。本书按照"渐进式"思维模式编写，系统性强，包括基础性实验、应用性实验和现代微生物技术实验三部分；所选实验项目具有代表性且易于操作，重点突出了对学生独立操作能力的培养。本书力求内容准确，表述严谨且通俗易懂。本书能够满足本科环境科学、环境工程、给排水科学与工程、环境监测、微生物学等专业相关实验课程的教学需求，也可供相关领域的科研工作者参考。

本书得到了济南大学教务处、济南大学水利与环境学院和中国海洋大学出版社的大力支持，在此深表感谢！

由于编者水平有限，书中疏漏和不妥之处在所难免。敬请各位读者不吝赐教！

王秀菊　王立国

2019 年 9 月

目　　录

第一章 基础性实验

第一节 微生物的观察

17 世纪荷兰人列文·虎克制造了第一台显微镜,首次把微生物世界展现在人类面前,至今已经历 300 余年。显微镜的问世对微生物学的奠基和发展起到了不可估量的作用。在长期的实践中,显微镜不断推陈出新,已成为微生物研究的重要工具。

显微镜的种类很多,一般可分为光学显微镜与非光学显微镜两大类。光学显微镜按其性能不同又可分为明视野显微镜(普通光学显微镜)、暗视野显微镜、相差显微镜、紫外光显微镜、偏光显微镜、荧光显微镜、激光扫描共聚焦显微镜、微分干涉差显微镜、倒置显微镜等。非光学显微镜为电子显微镜。在微生物实验中,常用的显微镜主要有普通光学显微镜、暗视野显微镜、倒置显微镜、相差显微镜和荧光显微镜等。

实验 1-1 普通光学显微镜的结构、原理及使用

普通光学显微镜简称光学显微镜(light microscope),以平均波长为 550 nm 的可见光作为光源,能分辨的两点距离约为 0.22 μm。多数细菌的个体大于 0.25 μm,因此可在光学显微镜下观察。由于许多细菌的大小与光学显微镜的分辨率处于同一个数量级,为了看清细菌的形态与结构,经常使用油镜来提高显微镜的分辨率。在光学显微镜的使用中,油镜的使用是一项十分重要的操作技术。

一、实验目的

(1)了解普通光学显微镜的主要构造、原理及其性能,掌握显微镜的操作和保养方法。

(2)掌握低、高倍镜的正规使用方法,反复练习,观察时保持两眼同时睁开和两手并用。

(3)结合实验室提供的实验装片观察微生物的形态,并学习测量微生物大小的方法。

二、实验器材

(1)微生物实验装片。

（2）显微镜、目测微尺、物测微尺、载玻片、盖玻片等。

（3）香柏油、二甲苯、擦镜纸等。

三、实验步骤

（一）显微镜的结构和各部分作用

显微镜是观察微观世界的重要光学仪器。它是微生物实验常用工具之一，其作用是将标本放大，以便观察和分析。普通光学显微镜的结构包括机械装置和光学系统两大部分，如图 1-1 所示。

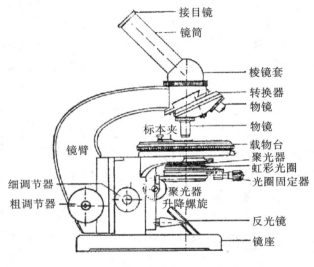

图 1-1　普通光学显微镜的构造

1. 机械装置

（1）镜座：为马蹄形，位于显微镜的最底部，为整个显微镜的基座，支持着整个镜体，起稳固作用；镜座上装有反光镜（有的装有灯源）。

（2）镜臂（主体）：为支持镜筒、载物台、聚光器和调节器的马蹄形结构，也是移动显微镜时手握的部位。镜臂有固定式和活动式（可改变倾斜度，但使用时倾斜角度不应超过45°，否则显微镜容易翻倒）2 种。

（3）调节器：为焦距的调节部分，又称调焦装置，位于镜臂的上端（镜筒直立式光镜）或下端（镜筒倾斜式光镜），用于调节物镜与标本间的距离，使物像更清晰。调节器分粗调节器（粗准焦螺旋）和细调节器（细准焦螺旋）。粗调节器转动 1 圈可使镜筒升或降约10 mm，可使镜筒或镜台较大幅度地升或降，能迅速调节好焦距，用于低倍镜观察时调焦。细调节器转动 1 圈可使镜筒升或降约 0.1 mm，使镜筒或镜台较小幅度地升或降，用于在低倍镜下用粗调节器找到目标物后，在高倍镜和油镜下进行焦距的精细调节，可以对物体不同层次、深度的结构进行细致观察。

（4）镜筒：镜筒长度一般是 160 mm，位于镜臂的前方，它是连接目镜和物镜的金属圆筒，其上端插入目镜，下端连接物镜转换器。根据镜筒的数目，光镜可分为单筒式和双筒式。单筒光镜又分为直立式和倾斜式两种镜筒，直立式的目镜与物镜的光轴在同一直线上，而倾斜式的目镜与物镜的中心线互成 45°角，在镜筒中装有使光线转折 45°的棱镜。双筒式光镜的镜筒均为倾斜式的，镜筒长度通常为 160 mm，有的显微镜的镜筒长度可调节。

（5）转换器：又称旋转盘，位于镜筒下端，一般装有 2～4 个放大倍数不同的物镜。物镜一般按由低倍到高倍的顺序安装。旋转转换器就可以转换物镜。当旋至物镜和镜筒成直线时，会发出"咔"的响声，这时方可观察玻片标本。注意：转换物镜时，必须用手旋转圆盘，切勿用手推动物镜，以免损坏物镜。

（6）载物台：也称镜台，位于镜臂下方，用于放置玻片标本。载物台中央有一圆形的通光孔，光线可以通过它由下向上反射。载物台上装有 2 片固定玻片的压片夹，还装有标本移动器，转动标本移动器螺旋可以前后、左右移动标本。移动器上带有标尺，可指示标本的位置，便于反复观察。

2. 光学系统

光学系统包括目镜、物镜、聚光器、反光镜等。

（1）反光镜：是装在镜台下方的可转动的平凹两面圆镜，可自由转动方向，用于反射光线至集光器。平面镜聚光力弱，适合光线较强时使用。凹面镜聚光力强，适于光线较弱或无聚光器的显微镜使用。转动反光镜，可将光源反射到聚光器上，再经载物台中央圆孔照明标本。

（2）聚光器或称集光器：在载物台下方，用来集合由反光镜反射来的光线。它可以上、下调整，中央装有光圈，用以调节光线的强弱。当光线过强时，应缩小光圈或把集光器向下移动。

（3）虹彩光圈：是在聚光镜底部的一个圆环状结构，其上有许多大小不一的光圈（也称光阑或虹彩光圈）。可以旋转虹彩光圈以调节通光孔、镜头的进光量，使物像更清晰。

（4）目镜（接目镜）：装在镜筒上端，作用是把物镜放大的实物再放大一次，并把物像映入观察者的眼中。一般使用的显微镜有 2～3 个目镜，其上刻 5×、10×或 15×等数字及符号，分别表示使用时可以放大 5 倍、10 倍或 15 倍。目镜内常装有一指示针，用以指示要观察的某一部分。

（5）物镜（接物镜）：在成像中起最重要的作用。装在物镜转换器上，一般分低倍镜、高倍镜和油镜 3 种。低倍镜镜体较短，放大倍数小；高倍镜镜体较长，放大倍数较大；油镜镜体最长，放大倍数最大。在镜体上刻有数字：低倍镜一般有 4×、10×两种，高倍镜一般有 40×、45×两种，油镜一般是 90×、100×两种（×表示放大倍数）。

显微镜放大倍数的计算：目镜放大倍数×物镜放大倍数＝显微镜对实物的放大倍数。例如，用放大 40 倍的物镜与放大 10 倍的目镜所得的物象的放大倍数为 400 倍；如果用放大 15 倍的接目镜则放大倍数为 40×15＝600（倍）。目镜装在镜筒上端，在使用过程中并不经常变动，所以通常所谓的低倍镜、高倍镜或油镜的观察主要是指使用不同的物镜而言的。

油镜的放大倍数最大（90 倍或 100 倍）。放大倍数这样大的镜头，焦距很短，直径很小，所以自标本玻片透过的光线，因介质密度（从玻片至空气，再进入油镜）不同，有些因折射或全反射，不能进入镜头，致使进入的光线过少，物象显现不清楚。所以，为了不使通过的光线有所损失，须在油镜与玻片中间加入和玻璃折射率相仿的镜油。因为这种物镜使用时要加镜油，所以我们叫它油镜。一般的低倍镜或高倍镜使用时不加油，所以我们叫它干镜。

使用低倍镜和高倍镜时，一般做活体的观察，不进行染色。在观察细小动物时，低倍镜容易看到物体的全貌，主要用来区别动物的种类和看出它们的活动状态；而高倍镜则可以看出动物的结构特征。油镜在大多数情况下用来观察染色的涂片。

（二）显微镜的光学原理

显微镜的性能主要取决于分辨力（resolving power）的大小，也叫分辨率。利用显微镜观察微生物时，希望能看见最细微的部位，即分辨力（分辩本领）要高。分辨力是指显微镜能够辨别物体两点间最小距离的能力，主要是由物镜来决定的。分辨力与物镜的数值口径成反比，与镜检时光波长度成正比，可用下式表示：$\delta＝0.61×\lambda/NA$。

数值口径（亦称开口率，numerical aperture，简写为 NA）越大，光波越短，则所能辨识的物体越小。普通光学显微镜所用的照明光源不可能超过人们肉眼所能感受的光（即可见光）波长范围（400～700 nm），平均光波长度为 0.55 μm，试图通过缩短光的波长提高物镜的分辨率是不可能的。如用放大倍数为 90 倍的油镜（NA＝1.25）和放大倍数为 9 倍的接目镜时，其总放大倍数虽为 810 倍，但分辨力为 0.61×0.55/1.25≈0.27（μm），即所能分辨的最小物体为 0.27 μm。即便用倍数更大的接目镜，使显微镜的总放大率增加，也仍然分辨不出小于 0.27 μm 的结构。

数值口径可由下式计算：NA＝$n·\sin\alpha$。α 为镜口角（最大入射角）的一半。n 为介质折射率。镜口角（图 1-2）的大小决定于物镜透镜的直径和焦距，是显微镜光学质量的关键。介质的折射率：空气的是 1，水的是 1.33，香柏油的是 1.515。油镜头焦距短，镜口角大，又滴加香柏油作为介质，因而其数值口径最高。

使用油镜必须加油的另一原因是避免散光现象。空气折射率和玻璃的折射率（1.52）相差较大，当光线经载坡片，再经空气进入物镜时，部分光线将因折射而散失，视野得不到足够的照明；如果加香柏油，则因其折射率与玻璃折射率相近，可使视野光亮充足（图1-3）。

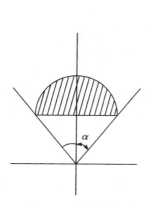

图 1-2 物镜的镜口角

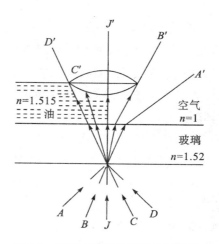

图 1-3 光线在不同介质中的折射情况

（三）显微镜的使用方法

1. 低倍镜的使用

（1）取下镜罩（或打开镜箱），右手紧握镜臂，左手托住镜座，把显微镜轻放在实验台上，直立平移（图 1-4），镜臂对向胸前，坐下进行操作（图 1-5）。检查各部件是否完好，镜身、镜头必须清洁。

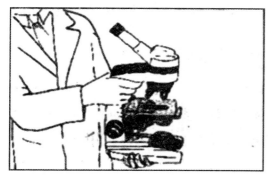

图 1-4 显微镜的移动

图 1-5 显微镜的放置

（2）用手转动粗调节器，使镜筒上升；然后转动物镜转换器，使低倍镜对准镜台中央圆孔。

（3）对光：打开开关，调节光线（不宜用直射阳光，宜用散射光）；旋转载物台下方的遮光器，调节光圈。用左眼（两个眼睛都要睁开）通过目镜观察，升高聚光器，用手调整反光镜。一般在光线较强的天然光源下，宜用平面反光镜；光线较弱的天然光源或人工光源，宜用凹面镜。对光时要求整个视野均匀明亮。镜检染色标本时宜用强光；镜检未染色的标本时，宜用弱光。

（4）放置玻片标本：转动粗调节器提升镜筒，使低倍镜镜头升至最高位。取玻片标本放在镜台上,有盖玻片的一面朝上。用压片夹夹住玻片两端,然后转动标本移动器螺旋,移动玻片,使玻片上要观察的标本位于载物台中央圆孔(通光孔)中央。

(5)调节焦距(也称对焦):转动粗调节器,使低倍物镜镜头缓慢下移至距玻片 0.5 cm 左右(注意:切记从显微镜侧面观察物镜镜头与玻片的距离,同时转动粗调节器,以免镜头触碰损坏玻片)。

(6)用左眼对着目镜观察,用手慢慢向上转动粗调节器。当视野中看到物像轮廓时,改调细调节器,直至视野中出现清晰的物像。若粗调节器旋得太快,超过焦点,则需要按(5)重调。如果物像不在视野中央,可稍微转动标本移动器螺旋,移动玻片位置(注意:移动玻片的方向与观察物像移动的方向恰好是相反的)。

(7)观察时双眼同时睁开,以免眼睛疲劳。应练习习惯用左眼观察,右眼看着绘图。

反复练习上述操作,直到迅速熟练地找到目标物像。

2. 中、高倍镜的使用

(1)一定要先在低倍镜下找到要观察的目标物像后,才能用中、高倍镜观察。

(2)慢慢转动物镜转换器,依次使中、高倍镜(较长的物镜)转到镜台中央圆孔处,同时从侧面进行观察,防止镜头触碰玻片。如果高倍镜镜头碰到玻片,应重新转换用低倍镜调节物距。

(3)调节焦距:转换好高倍镜后,用左眼从目镜中观察。如果视野较暗,可调节光圈和聚光器提高视野亮度。如果要观察的部分不在视野当中,则向上或向下慢慢转动细调节器微调至物像清晰(注意:此时切勿使用粗调节器),一般只需转动半圈或一圈就能达到要求。若要观察的部位不在视野中,可调节标本移动器螺旋,将目标部位移至视野中央。

3. 油镜的使用

(1)先按从低倍镜到高倍镜的顺序依次找到目标物像并将其移至视野中央。

(2)用粗调节器将镜筒提高 1.5~2 cm,滴加一滴香柏油(或液体石蜡)至载玻片上,将油镜头转到镜筒下方。

(3)眼睛侧面注视,转动粗调节器缓慢降下镜筒,直到油镜头浸没在油中,镜头贴近玻片但不能触碰,避免压碎载玻片、损坏油镜头。此时从目镜观察,调节光圈和聚光器,增加亮度;微微转动细调节器,直到物像清晰。

(4)调换标本:观察新标本玻片时,必须重新从(1)开始操作。

(5)用后复原:观察完毕,转动粗调节器提升镜筒,取下载玻片,先用擦镜纸擦去镜头上的香柏油,再用擦镜纸蘸少许二甲苯或 1:1 的乙醚酒精溶液(香柏油可溶于二甲苯及 1:1 的乙醚酒精溶液),擦净镜头上的残留油迹,之后用干净的擦镜纸擦去残留的二甲苯或 1:1 的乙醚酒精溶液。降低镜筒,载物台降至最低,将物镜转成"八"字形置于载物台上方。降低聚光器,避免聚光器与物镜相碰。使反光镜垂直于镜座,以防受损。将镜罩在显微镜上放回显微镜箱中锁好。

（四）目镜测微尺和物镜测微尺及其使用方法

1. 目镜测微尺

目镜测微尺是一圆玻片，其中央有精确的刻度。刻度的大小，随使用的目镜和物镜的倍数及筒长而改变，使用前应用物镜测微尺进行标定。

2. 物镜测微尺

物镜测微尺是厚玻片，中央有圆盖玻片。圆盖玻片上有 100 等份刻度，每等分的长度为 1/100 mm。使用时先将目镜测微尺装在接目镜的隔板上，使刻度朝下；把物镜测微尺放在载物台上，使刻度朝上。用平常观测的方法，先找到物镜测微尺的刻度，再移动物镜测微尺与目镜测微尺使两者的第一线重合，然后计算物镜测微尺的每一小格有目镜测微尺的小格数目，计算后者刻度表示的长度。如物镜测微尺的一小格相当于目镜测微尺的 5 格，则目镜测微尺在此种条件下，每格的长为 2 μm。如在同样条件下测量物体，而物体的长为目镜测微尺的 2 小格，宽为半小格，知物体的大小为 1 μm $\times$ 4 μm。

（五）显微镜的保养

显微镜的光学系统是显微镜的主要部分，尤其是物镜和目镜。一架显微镜的机械装置虽好，但光学系统不好，显微镜的作用就不会好。

显微镜应避免直接在阳光下曝晒，因透镜与透镜之间，透镜与金属之间都是用树脂或亚麻仁油黏合起来的。金属和透镜的膨胀系数不同。因受高热膨胀不均，透镜可能脱落或破裂。树脂受高热可能熔化，导致透镜脱落。

显微镜应避免和挥发性药品或腐蚀性酸类放在一起，如碘片、酒精、乙酸、硫酸等。这些物品对显微镜的金属部分和光学部分都是有害的。

显微镜镜头玷污后，要用擦镜纸或软绸擦拭。用有机溶剂擦拭油镜镜头，用旦不宜过多，时间不宜过长，以免黏合透镜的树脂融化。切不可用手摸透镜。沾染有机物的镜头影响观察，日久还要长霉菌。

油漆或塑料表面的清洁：①避免使用任何有机溶剂（如酒精、乙醚、稀释剂等）清洗仪器的油漆或塑料表面而建议使用硅布，更多的顽固污脏可以用软性清洗剂清洗。②塑料表面只能用软布蘸上清水来清洁。

显微镜不能随意拆卸，尤其是镜筒。因为拆卸后空气中的灰尘和有机物落入里面，容易生霉。机械部分要经常加润滑油，以减少磨损。

显微镜存放：①显微镜不用时，镜罩盖好，放在干燥、清洁、平稳、无腐蚀性气体和阴凉通风的地方。②物镜和目镜应保存在干燥器一类的容器中，并放干燥剂。③镜架应放入镜箱内，并加罩防尘；箱内应存放硅胶，以免受潮生霉。

粗动手轮松紧的调节：请一定使用调节手轮，切忌将两个粗动手轮向相反的方向同时旋转，以免造成损害。

为保持显微镜的性能，应进行定期检查。

四、思考题

(1)镜检玻片标本时,为什么要先用低倍物镜,而不直接用高倍接物镜或油镜观察?

(2)如何正确使用油镜?

实验 1-2　暗视野显微镜和倒置显微镜的使用

一、实验目的

了解暗视野显微镜、倒置显微镜的工作原理、构造和使用方法。

二、实验内容和方法

(一)暗视野显微镜

暗视野显微镜的分辨力比普通光学显微镜大。在检验中,主要用于未染色的螺旋体的形态和运动的观察;活体细菌虽可用于观察运动力,但一般较少用。

1. 工作原理和结构特点

工作原理:暗视野显微镜是利用光学上的丁达尔现象设计的。在日常生活中,室内飞扬的微粒灰尘是不易被看见的,但在暗的房间中若有一束光线从门缝斜射进来,灰尘便粒粒可见了,这就是微粒发光,也就是丁达尔现象。

2. 结构特点:暗视野显微镜是与普通光学显微镜的区别在于两者的聚光器不同。暗视野显微镜装有一个中央遮光板或暗视野聚光器,光源的中央光束被阻挡而不能由下而上地通过标本直接射入镜筒进入物镜,从而使光线改变途径,从四周边缘斜射到载玻片的标本上,照明光线在聚光器顶透镜(或盖片)的上表面发生全反射,不进入物镜,因而视野背景是暗的。标本被斜射光照射发生反射或散射,在黑暗的背景下呈现明亮的像。通过暗视野显微镜,我们只能看到物体的存在和运动,不能辨清物体的细微结构。暗视野显微镜可分辨 0.004 μm 以上的微粒,可用以观察微小粒子、细菌的形态和计数,观察透明标本、活细胞的结构和细胞内微粒的运动等。

3. 使用方法

(1)将显微镜上的普通聚光镜取下,装暗视野聚光器。

(2)选用强的光源,一般用显微镜灯照明。

(3)在低倍镜下找聚光镜的光亮点或环状圈,并扭动暗视野聚光镜上附设的调节棒使亮点或环状圈移至视野的正中央。

(4)向聚光镜透镜面上滴一滴香柏油,然后稍降下聚光镜,放置标本(载玻片厚度为 1 mm,盖玻片厚度为 0.17 mm)于载物台上。将聚光镜慢慢上移,使载玻片与聚光镜上的香柏油接触,先用高倍镜观察,后用油浸镜观察。用油浸镜观察时,在盖玻片上滴一滴香柏油,将物镜前透镜与标本上的香柏油接触。调焦,直至观察到清晰的标本像。

（二）倒置显微镜

光学原理与普通光学显微镜原理基本相同,主要差别是倒置显微镜的光源安装在标本的上方,物镜装在标本的下方,因此可以用来观察生长在培养皿底部的细胞状态。它与相差装置配合,可以用来观察培养的活细胞。

三、思考题

暗视野显微镜、倒置显微镜与普通光学显微镜的结构与工作原理有何不同?

实验 1-3 相差显微镜的使用

细菌标本没有染色时,菌体的折光性与周围背景相近,在光学显微镜下不易看清。相差显微镜（phase contrast microscope）是一种能将光线通过透明标本后产生的光程差（即相位差）转化为光强差的特殊显微镜。以相差显微镜观察标本,可以克服光学显微镜的缺陷,看清活细胞及其细微结构,并产生立体感。

一、目的要求

（1）了解相差显微镜的构造特点和工作原理。
（2）掌握相差显微镜的使用方法。

二、基本原理

（一）相差显微镜的工作原理

光线通过透明标本时,光的波长（颜色）和振幅（亮度）不会发生明显的变化。因此,采用普通光学显微镜观察未经染色的标本,难以分辨细胞的形态和内部结构。然而,由于细胞各部分的折射率和厚度不同,光线穿过标本时,直射光和透射光会产生光程差,并由此导致光波相位差（图 1-6）。通过相差显微镜上的特殊装置——环状光阑和相板,利用光的干涉原理,可将光波的相位差转变为人眼可以察觉的振幅差,即明暗差（图 1-7）。视野上的明暗差可增强检视物的对比度,从而看清在普通光学显微镜下不易看到的活细胞及其细微结构（图 1-8）。

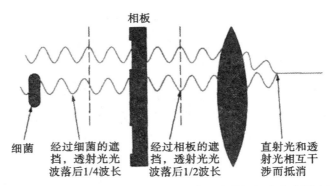

图1-6 直射光与透射光相互干涉而抵消,在明亮的视野中产生黑暗的物像

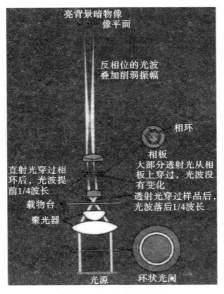

图1-7 相差显微镜成像原理

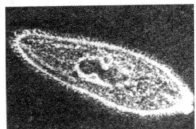

图1-8 普通显微镜的物像(上)与相差
显微镜的物像(下)

(二)结构特点

用环状光阑代替可变光阑,用带相板的物镜(通常标有 Ph 或一个红圈)代替普通物镜,并带有一个合轴调节用的望远镜。

(三)相差显微镜的构造

奥林巴斯(OLYMPUS)生物显微镜是从日本进口的一种双筒光学显微镜。它是目前微生物实验室中常用的研究工具。现以奥林巴斯生物显微镜为例介绍相差显微镜的构造。

奥林巴斯生物显微镜由照明系统、机械系统和光学系统组成(图1-9)。照明系统包括电源、插头、主开关、电压调整旋钮、保险丝、灯泡等。调节电压调整旋钮可以控制显微镜光源的亮度:随着电压增大,亮度也增大。

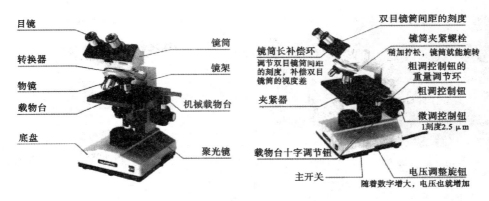

图 1-9　奥林巴斯显微镜的构造

机械系统包括底盘(镜座)、镜架(镜臂)、镜筒、载物台、转换器、调节器等。底盘支撑整个显微镜。镜架连接显微镜各部分。镜架上的调节器(粗调控制钮和微调控制钮)可以调节镜筒的伸缩。粗调控制钮上有重量调节环,向顺时针旋转,可加重转动粗调控制钮所需的力量。粗调控制钮上还设有粗调锁档,调节粗调控制钮把焦点对准标本后,固定粗调锁档可限制粗调控制钮运动。换片后,将粗调控制钮调至粗调锁档固定的位置上,可以快速对焦,只要调节微调控制钮就可找到清晰的物像。镜架上的载物台由夹紧器和"十"字调节钮组成。夹紧器(功能类似压片夹)用于固定载玻片标本。"十"字调节钮用于调节标本的前后左右移动。镜筒上部设有镜筒长补偿环,转动补偿环可以调节双目镜筒的视度差,拉动镜筒还可以调节双目镜筒间距。镜筒下部设有物镜转换器(图1-10),可以选用不同放大倍数的物镜。

光学系统包括目镜、定中心望远镜、相差物镜、聚光镜、环状光阑、绿色滤光片等。奥林巴斯生物显微镜具有2个镜筒,2个目镜,常用的放大倍数为10×和15×。定中心望远镜(图1-11)也称辅助目镜或合轴调整望远镜,是相差显微镜的一个重要部件。使用时拔出目镜,安装在镜筒上端,用以调节环状光阑与相环的重合(图1-12),使环状光阑中心与相差物镜光轴处在一条直线上。相差物镜是相差显微镜的另一个重要部件。相板安装在物镜的后焦平面上(图1-7),可改变直射光和透射光的振幅和相位。相差物镜上刻有红色 Ph(phase 的缩写)或一个红圈标记。奥林巴斯相差物镜用红圈标记。常用相差物镜放大倍数有 10×、20×、40×(弹簧加重)和 100×(弹簧加重)。聚光镜位于载物台下面,可上下移动,调节进入物镜光线的强弱。环状光阑(图1-12)位于聚光镜下面,也是相差显微镜的重要部件。环状光阑上有一环状的光线通道,来自光源的直射光只能从环状通道穿过,形成一个空心圆筒状的光柱,通过聚光镜照射到标本以后,一部分保持直射光,另一部分转变为透射光,产生相位差。环状光阑设置在一个转盘上(图1-12),相差转盘的各环状光阑边上刻有 10×、20×和 40×等字样,与不同放大倍数的物镜相匹配。相差显微镜还有一个重要部件是绿色滤光片。插入绿色滤光片,可使光源波长一致,加强干涉效果。

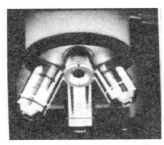
图 1-10　物镜转换器

图 1-11　定中心望远镜

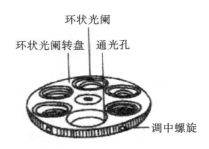
图 1-12　环状光阑与环状光阑转盘

三、实验器材

(1)菌种:培养 12～18 h 的枯草杆菌(*Bacillus subtilis*)。

(2)标本片:3 种基本形态的细菌染色标本。

(3)仪器及相关用品:显微镜、香柏油、二甲苯(或 1∶1 的乙醚酒精液)、擦镜纸、载玻片、盖玻片、吸水纸、酒精灯、接种环。

四、实验程序

奥林巴斯生物显微镜既可作为普通光学显微镜使用,也可作为相差显微镜使用。

(一)作为普通光学显微镜使用

(1)接通电源。

(2)打开主开关。

(3)移动电压调整旋钮,使光亮度适中。

(4)把载玻片标本安放到载物台的夹紧器上。

(5)调节目镜镜筒间距和视度差。

(6)松开粗调锁档。

(7)将环状光阑转盘调至 0 处(对准通光孔)。

(8)选用低倍镜,旋转粗调和微调控制钮对焦。

(9)锁定粗调锁档。

(10)换用中倍和高倍镜观察。

(11)换用油镜观察:移开高倍镜,在载玻片标本上加一滴香柏油,将油镜浸至油滴中,提升聚光镜,旋转微调控制钮,直至见到清晰的物像。

(12)观察完毕,参照普通光学显微镜的要求用擦镜纸擦净镜头,将电压调节旋钮调至 0 处,关闭主开关,拔出电源插头,清理并收存好显微镜。

(二)作为相差显微镜使用

(1)相差设备的安装:取下原有聚光镜和物镜,安上相差聚光镜和相差物镜,并将环状光阑转盘调至 10×处,用 10×相差物镜调节光强。

（2）光源调节：接通电源，打开主开关，移动电压调整旋钮，使光亮度适中。将绿色滤光片插入滤光片支架中。

（3）标本放置：把载玻片标本安放至载物台的夹紧器上。

（4）目镜调整：调节目镜镜筒间距和视度差。

（5）视野调整：松开粗调锁档，用 $10\times$ 相差物镜观察，调焦至看清物像。打开或缩小虹彩光阑 $1\sim2$ 次，可见明亮视野的面积跟着变化。调节虹彩光阑，使视野中央亮度较大且较均匀。

（6）中心轴调整：取下原有目镜，换上定中心望远镜。升降镜筒，至看清物镜中的相环。由于相板位置是固定的，而环状光阑的位置是可变的，因此可操纵相差聚光镜调节柄（图 1-13），使相环与环状光阑的亮环完全重合。

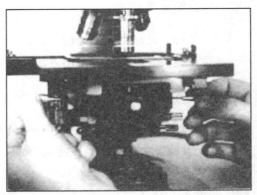

图 1-13　调节环状光阑转盘上的调中螺旋调整中心轴

（7）样本观察：取下定中心望远镜，放回目镜即可进行标本观察。

（8）中、高倍镜观察：依次用中、高倍相差物镜观察低倍镜下锁定的部位，并随着所用相差物镜放大倍数的增加，旋转环状光阑转盘以提高环状光阑的放大倍数，逐步提升聚光镜，增强光线亮度。

（9）油镜观察：将聚光镜提升至最高点，并将环状光阑的放大倍数置于 $100\times$。转动转换器，移开高倍镜，使高倍镜和油镜成"八"字形。在标本中央滴一小滴香柏油，使油镜镜头浸入香柏油中。微微转动细调控制钮，直至看见清晰的物像。如果在更换不同放大倍数的相差物镜时，物像看不清楚，则需要重复（6）（7）步骤。

（10）用后复原：观察完毕，取下载玻片，用擦镜纸擦净镜头，将电压调整旋钮调至 0 处，关闭主开关，拔出电源插头。对照普通光学显微镜的要求，清理并收存好显微镜。

五、注意事项

（1）载玻片厚度应控制在 1 mm 左右，盖玻片厚度不超过 0.17 mm。

（2）虹彩光阑应充分打开，以提高光强。

（3）不同型号的光学部件不能互换使用。

六、思考题

（1）试述相差显微镜的光学原理。

（2）相差显微镜有哪些重要部件？它们各有什么作用？

（3）为什么说倒置显微镜、相差显微镜是观察培养活细胞的最有效显微镜？

实验 1-4　荧光显微镜的使用

荧光显微镜(fluorescence microscope)是以紫外光或蓝紫光作为光源的显微镜,通过它可以看清发出荧光的细胞结构和部位。它常用于荧光素标记标本的观察和非透明样品中的微生物计数。

一、目的要求

(1)了解荧光显微镜的构造和原理。
(2)掌握荧光显微镜的使用方法。

二、基本原理

荧光显微镜与普通光学显微镜基本相同,其主要区别在于光源和激发块。

荧光显微镜利用一个高发光效率的点光源,经过滤色系统发出的一定波长的光(如紫外光 365 nm 或蓝紫光 420 nm)作为激发光,激发标本内的荧光物质发射出各种不同颜色的荧光。通过物镜和目镜的放大,我们可以观察到发出荧光的细胞结构和部位。通过荧光显微镜物镜看到的颜色不是标本的本色,而是荧光的颜色。荧光显微镜分透射式和落射式 2 种。透射式荧光显微镜的光源位于标本的下方,激发光本身不进入物镜,只有荧光进入物镜,视野较暗。落射式荧光显微镜的光源位于标本的上方,视野较亮,对透明和非透明样品都能进行观察。荧光显微镜及其显微照片见图 1-14。

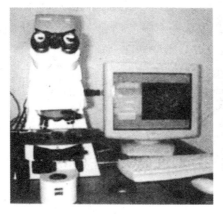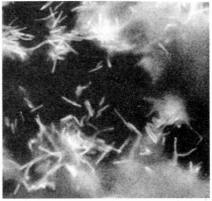

图 1-14　荧光显微镜(左)和产甲烷菌荧光显微照片(右)

三、实验材料

(1)菌种:甲酸产甲烷杆菌(*Methanobacterium formicicum*)液体培养物(2~3 支)。

（2）仪器及相关用品：荧光显微镜、香柏油、二甲苯（或 1：1 的乙醚酒糟溶液）、擦镜纸、无荧光油、载玻片、盖玻片、吸水纸、酒精灯、1 mL 注射器。

四、实验程序

下面以观察产甲烷杆菌为例说明荧光显微镜的使用方法。

（1）用 1 mL 注射器取少量产甲烷杆菌培养液制成水浸片。

（2）将水浸片安放至载物台的夹紧器上。

（3）开启荧光显微镜稳压器，然后按下启动钮，开启紫外灯（注意：高压汞灯启动 15 min 内不得关闭，关闭后 3 min 内不得再启动）。

（4）将激发滤光片转至 V，分色片调到 V，选用 495 nm 或 475 nm 波阻挡滤光片。

（5）选用 UVFL40、UVFL100 荧光物镜镜检。

（6）在水浸片上加无荧光油，先用 40×物镜，再用 100×物镜调焦镜检。产甲烷细菌发出淡黄绿色荧光。

（7）受紫外光照射后，荧光物质发出的荧光强度随时间延长而逐渐减弱，镜检时应经常更换视野。

（8）镜检完毕，取下载玻片，做好荧光显微镜的清洁和存放工作。

五、注意事项

（1）使用透射式荧光显微镜时，应注意光轴中心的调整。

（2）镜检应在暗室中进行，并尽量缩短时间。

（3）启动高压汞灯，等待 15 min，汞灯稳定后方可使用。不要频繁开启高压汞灯。若在短时间内多次开启，高压汞灯寿命会大大缩短。

（4）镜检标本时，宜先用可见光观察，锁定物像后再换用荧光观察，这样可延长荧光消退时间。

（5）根据被检标本荧光的色调，选择恰当的滤光片。

（6）紫外线可损伤眼睛，应避免直视激发光。所以，在未装荧光遮光板时不要用眼观察，以免引起眼的损伤。

（7）光源附近禁止放置易燃物品。

六、思考题

（1）试述荧光显微镜的工作原理。

（2）试述荧光显微镜的功能。

（3）荧光显微镜的两种滤光片各起什么作用？

实验 1-5　不同微生物形态的观察

一、实验目的

(1)进一步掌握显微镜的使用方法。

(2)观察几个典型细菌的形态(示范片)。

(3)观察几个典型细菌的构造(示范片)。

(4)观察霉菌、酵母菌、放线菌、藻类、原生动物、微型后生动物的形态和构造,以便找出它们之间及与细菌之间的区别。

二、实验器材

(1)显微镜、擦镜纸、镜油、二甲苯等。

(2)示范片:①金黄色葡萄球菌、肺炎双球菌、四联球菌、尿八联球菌、链球菌、球衣细菌、大肠杆菌、霍乱弧菌等;②枯草杆菌芽孢、假单孢杆菌鞭毛、固氮菌荚膜等;③酵母菌、霉菌、放线菌、藻类;④草履虫、轮虫。

三、实验内容和方法

(1)复习显微镜的使用方法,重点放在油镜的使用部分。

(2)严格按照显微镜的使用方法,依次逐个观察细菌的形态、构造及酵母菌、霉菌、放线菌、藻类、草履虫、轮虫的形态。用铅笔分别绘出其形态。

四、思考题

(1)根据实验室提供的微生物玻片,你在显微镜下看到了几种微生物,它们分别是什么形态? 判断它们属于原核细胞还是真核细胞。

(2)除显微镜观察认识微生物外,还有哪些其他的方法?

(3)通过示范片的观察,谈谈你对微生物多样性的理解。

实验 1-6　活性污泥中微生物相的观察

一、目的

(1)进一步熟悉和掌握显微镜的操作方法。

(2)观察活性污泥法曝气池混合液中不同微生物的形态,学习微生物图的绘制。

(3)学习压滴法制片技术。

二、实验器材

(1)活性污泥法曝气池混合液、生物膜。

(2)显微镜、擦镜纸、吸水纸、小量筒、滴管等。

三、实验内容及操作步骤

活性污泥法曝气池中的活性污泥和生物膜法构筑物中的生物膜是生物法处理废水的工作主体,它们由细菌、霉菌、酵母菌、放线菌、原生动物、轮虫、线虫等与废水中的固体物质所组成。本实验主要观察活性污泥和生物膜的结构及菌胶团的形状并辨认活性污泥和生物膜的组成之一——原生动物的形态特征和运动方式等。

(一)标本的制备

1. 活性污泥

(1)取活性污泥法曝气池混合液一小滴,放在洁净的载玻片中央(如污泥较少,可待沉淀后观察;如沉淀较多,则要稀释后进行观察)

(2)小心地用洗净的盖玻片一侧与液滴一侧接触,缓慢放下盖玻片覆盖在液滴上,这样就制成了活性污泥的标本。若盖玻片外有多余的水,可用吸水纸吸干净。加盖玻片时应在其中央接触到水滴后放下,否则片内会形成气泡,影响观察。

2. 生物膜

(1)从生物膜法的构筑物内刮取生物膜一小块,用蒸馏水稀释,制成供显微镜观察用的菌液。对于用石子做滤料的生物滤池,也可取一小块石子,置于干净的烧杯中,加少许蒸馏水和玻璃珠,摇荡数分钟,使滤料上的生物膜脱落在水中,去掉滤料再摇荡数分钟,做成菌液。

(2)取菌液一小滴,置于干净的载玻片中央,用干净的盖玻片盖上。

(二)显微镜的观察

1. 低倍镜的观察

(1)在选定的目镜下,利用低倍镜,确定目测微尺一格的长度。

(2)观察所制备的微生物标本玻片,画出所见原生动物、菌胶团等的形态草图。选择一个原生动物,量出其尺寸。

(3)记下观察所用目镜和物镜的放大倍数,算出显微镜的放大倍数。

2. 高倍镜观察

(1)改用高倍镜观察,用铅笔画出微生物草图,并与用低倍镜所看到的比较,注意其不同点。

(2)记下显微镜的放大倍数。

四、思考题

（1）显微镜下，你观察到了几种活性污泥中的微生物？来自不同水样观察到的结果是否不同？各有何特点？

（2）请谈谈你对活性污泥和生物膜中微生物多样性的认识。

实验 1-7　微生物的染色法

一、目的要求

（1）学习微生物的单染色和革兰氏染色原理。

（2）学习掌握单染色和革兰氏染色的操作技术和无菌操作技术。

二、实验原理

微生物染色是微生物学实验中一项重要的基本技术。微生物细胞微小而透明，在普通光学显微镜下不易观察其形态和结构。通常通过染色，使菌体与背景形成明显的色差，便于观察。

用于生物染色的染料主要有碱性染料、酸性染料和中性染料三大类。碱性染料的离子带正电荷，能和带负电荷的物质结合。因细菌蛋白质等电点较低，当它生长于中性、碱性或弱酸性的溶液中时常带负电荷，所以通常采用碱性染料使其着色。例如，亚甲蓝实际上是氯化亚甲蓝盐（methylene blue chloride，MBC）；它可被电离成正、负离子，带正电荷的染料离子可将细菌细胞染成蓝色。常用的碱性染料除亚甲蓝外，还有结晶紫（crystal violet）、碱性复红（basic fuchsin）、番红（又称沙黄，safranine）等。酸性染料的离子带负电荷，能与带正电荷的物质结合。当细菌分解糖类产酸使培养基 pH 下降时，细菌所带正电荷增加，因此易被伊红、酸性复红或刚果红等酸性染料着色。中性染料是前两者的结合物又称复合染料，如伊红-亚甲蓝、伊红天青等。

染色前必须先固定细菌，其目的有二：一是杀死细菌，使细胞质凝固，菌体黏附于玻片上；二是增加其对染料的亲和力。常用的有加热和化学固定两种方法。固定时应尽量维持细胞原有形态，防止细胞膨胀或收缩。

微生物的染色方法很多，按功能差异可分为简单染色法和复合染色法。简单染色法是利用单一染料对细菌进行染色的一种方法。此法操作简便，可用以观察微生物的形状、大小及细胞排列状态，是微生物技术中应用广泛、操作简便的染色法。复合染色法是用两种或多种染料染色，以区别不同细菌，故又称为鉴别染色法。复合染色法又可细分为革兰氏染色法、抗酸性染色法、芽孢染色法、吉姆萨染色法等。此处单介绍革兰氏染色法。

革兰氏染色法可将所有的细菌区分为革兰氏阳性菌(G⁺)和革兰氏阴性菌(G⁻)两大类,是细菌学上最常用的重要鉴别性染色法。它的主要步骤是先用结晶紫进行初染;经媒染剂——碘液后用脱色剂(乙醇或丙酮)脱色;最后用番红复染。不被脱色而保留初染剂的颜色(紫色)的细菌为 G⁺菌,被脱色后又染上复染剂的颜色(红色)者为 G⁻菌。该法的染色机制与细菌的细胞壁结构和成分有关。G⁻菌的细胞壁中含有较多易被乙醇溶解的类脂质,而且肽聚糖层较薄、交联度低,故用乙醇或丙酮脱色时,类脂质溶解,细胞壁的通透性增加,结晶紫和碘的复合物易于渗出,结果细菌就被脱色,再经番红复染后就成红色。G⁺菌细胞壁中肽聚糖层厚且交联度高,类脂质含量少,经脱色剂处理后,肽聚糖层的孔径反而缩小,通透性降低,因此细菌仍保留初染时的颜色。

三、实验内容

(1)分别以金黄色葡萄球菌(*Staphylococcus aureus*)、枯草芽孢杆菌(*Bacillcus subtilis*)和大肠杆菌(*E.coli*)为材料进行简单染色和革兰氏染色,并通过显微镜观察,判断其反应类型。

(2)学习染色的操作技术和无菌操作技术和方法。

四、实验器材

(1)菌种:枯草芽孢杆菌、金黄色葡萄球菌、大肠杆菌。

(2)显微镜、载玻片、擦镜纸、酒精灯、接种环、吸水纸、盖玻片、试管、水浴锅。

(3)草酸铵结晶紫染色液、革兰氏碘液、95%乙醇、0.5%番红染色液、蒸馏水、双料瓶(香柏油和二甲苯)、5%孔雀绿溶液。

五、方法步骤

(一)单染色

1. 涂片

在干净的载玻片中央滴上一小滴蒸馏水。先将接种环在火焰上灼烧至变红,等接种环冷却后,再从斜面挑取少量菌种于玻片的水中,将菌种分散并充分混匀涂成薄膜。注意:挑菌量宜少,涂片宜薄,过厚则不易观察。细菌涂片过程见图 1-15。

2. 干燥

最好在空气中自然晾干,为节省时间,也可将涂片置火焰高处微热烘干。

3. 固定

将玻片涂面朝上,在火焰上方快速通过 3~4 次,使菌体蛋白凝固而完全固定在载玻片上。

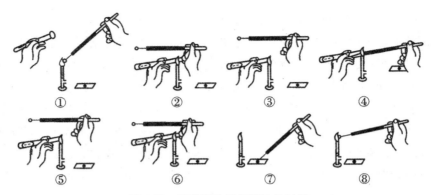

图 1-15　无菌操作及细菌涂片过程

4. 染色

待玻片冷却后加结晶紫(或番红或亚甲蓝)染液 1～2 滴于涂片上,使染液覆盖菌种涂面,染色 1～2 min。

5. 水洗

斜置载玻片,倾去染液,在自来水龙头下用细水流自玻片一端轻轻冲洗,至流下的水变无色为止。注意:切勿冲去菌体。

6. 干燥

用微热烘干或自然干燥,或用吸水纸吸干涂片边缘的水。注意:切勿擦掉菌种。

7. 镜检

用显微镜观察菌体形态及结构,记录下来并用铅笔画出细菌形态结构图。

(二)革兰氏染色

1. 涂片、干燥与固定

分别取大肠杆菌和枯草杆菌(均以无菌操作)做涂片。涂片、干燥与固定方法同"(一)单染色"中 1、2、3 步骤。

2. 初染

滴加草酸铵结晶紫染色液,染色 1～2 min,水洗。革兰氏染色过程见图 1-16。

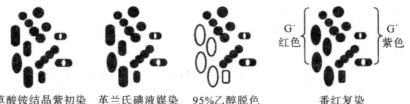

草酸铵结晶紫初染　革兰氏碘液媒染　95%乙醇脱色　番红复染

图 1-16　革兰氏染色过程及结果示意图

3. 媒染

滴加革兰氏碘液,染色 1～2 min,水洗。

4. 脱色

滴加 95％乙醇，脱色约 45 s，水洗，终止脱色。

5. 复染

滴加 0.5％番红色液，染色 2～3 min，水洗，干燥。

6. 镜检

将标本涂片置显微镜下观察，先用低倍镜观察，发现目的物后改用油镜观察，并根据菌体呈现的颜色判断其为 G^+ 菌还是 G^- 菌。用铅笔绘制细菌的形态结构图并说明革兰氏染色结果。

六、注意事项

(1)涂片用的载玻片要洁净无油污，否则影响涂片效果。

(2)选用培养 16～24 h 菌龄的细菌为宜。若菌龄太老，由于菌体死亡或自溶常使革兰氏阳性菌转呈阴性反应。

(3)挑菌量宜少，涂片宜薄，过厚则不易观察。

(4)革兰氏染色成败的关键是脱色时间。如脱色过度，革兰氏阳性菌也可被脱色而被误认为是革兰氏阴性菌；如脱色时间过短，革兰氏阴性菌也会被认为是革兰氏阳性菌。脱色时间的长短还受涂片厚薄、脱色时玻片晃动的快慢及乙醇用量多少等因素的影响，难以严格规定。一般可用已知革兰氏阳性菌和革兰氏阴性菌练习，以掌握脱色时间。当要确证一个未知菌的革兰氏反应时，应同时做一张已知革兰氏阳性菌和阴性菌的混合涂片，以资对照。

(5)染色过程中勿使染色液干涸。用水冲洗后，应吸去玻片上的残水，以免染色液被稀释而影响染色效果。

(6)涂片必须干燥后才能置于油镜下观察。

七、思考题

(1)在制作涂片中，为什么要进行固定这一步？

(2)革兰氏染色中哪一步关键，为什么？

实验 1-8　细菌的芽孢、荚膜和鞭毛染色法

一、实验目的

(1)学习细菌的芽孢染色法。

(2)学习细菌的鞭毛染色法。

(3)学习细菌的荚膜染色法。

二、实验原理

1. 芽孢染色的原理

细菌的芽孢壁厚而致密,透性低,着色和脱色都较难;而菌体易着色和脱色。根据芽孢这一特点,用着色力强的染料将菌体和芽孢都染上颜色,加热,以促进芽孢着色,然后水洗,菌体脱色而进入芽孢的染料则难以渗出。再用对比度强的染料对菌体复染,而芽孢仍保留初染剂的颜色。这样,菌体和芽孢呈现出不同的颜色,便于观察。

2. 鞭毛染色的原理

鞭毛是细菌的运动器官,鞭毛的有无、数量及着生方式也是细菌分类的重要指标。细菌的鞭毛极细,直径一般为 $0.01 \sim 0.02\ \mu m$。除了很少数能形成鞭毛束(由许多根鞭毛构成)的细菌可以用相差显微镜直接观察到鞭毛束的存在外,一般细菌的鞭毛均不能用光学显微镜直接观察到,而要用电子显微镜才行。如采用特殊的染色法,则在普通光学显微镜下也能分辨出细菌的鞭毛。鞭毛染色的方法很多,但其基本原理相同,即在染色前先用媒染剂(如单宁酸或明矾钾)处理、染料沉积在鞭毛上,使鞭毛直径加粗,然后用碱性复红(Gray 式染色法)、碱性复品红(Leifson 氏染色法)、硝酸银(West 氏染色法)或结晶紫(Difco 氏染色法)染色。

3. 荚膜染色的原理

荚膜是细菌分泌到菌体细胞壁外的一层黏液状物质,主要成分是多糖和多肽类物质,与染料亲和力弱,不易着色,通常采用衬托染色法或称负染色法,使菌体和背景着色,把透明、不着色的荚膜衬托出来。由于荚膜的含水量大,在90%以上,故染色时一般不加热固定,以免荚膜皱缩变形。

三、实验器材

(1)菌种:培养 24 h 的枯草芽孢杆菌、培养 12~16 h 的变形杆菌斜面,培养 3 d 的固氮菌。

(2)染色液和试剂:5%孔雀绿水溶液、番红染色液、鞭毛染色液 A 液与 B 液、蒸馏水、香柏油、显微镜擦拭液、绘图墨水或黑色素溶液。

(3)器材:酒精灯、接种环、镊子、载玻片、擦镜纸、吸水纸、记号笔、试管夹、显微镜等。

四、实验方法

(一)芽孢染色

1. 涂片
按常规方法将待检细菌制成一薄层的涂片。

2. 晾干固定

待涂片晾干后在酒精灯火焰上通过 3 次。

3. 染色

(1)加染色液。加 5%孔雀绿水溶液于涂片处,用试管夹夹住涂片,置于酒精灯火焰上加热。染液开始冒蒸汽时计时 4～5 min。注意玻片与火焰的距离,使染液冒蒸汽但不沸腾,切勿使标本干涸,必要时添加染液和蒸馏水。

(2)水洗。待玻片冷却后,用水轻轻地冲洗,直至流水无染色为止。

(3)复染。用番红染色液染色 2～3 min。

(4)水洗、晾干或吸干。

4. 镜检

先用低倍镜,再用高倍镜,最后在油镜下观察芽孢和菌体的形态。

(二)鞭毛染色

1. 制片

吸取少量蒸馏水滴在洁净玻片的一端,采用无菌操作在斜面上取菌少许,在蒸馏水中轻沾,立即将玻片倾斜,使菌液缓慢地流向另一端。用吸水纸吸去多余的菌液。涂片放空气中自然干燥。注意防止灰尘。

2. 染色

(1)滴加 A 液,染 4～6 min。

(2)用蒸馏水冲洗 A 液。

(3)用 B 液冲去残水,再加 B 液于玻片上,在酒精灯火焰上加热至冒气,维持 0.5～1 min(加热时应随时补充蒸发掉的染料,不可使玻片干涸)。

(4)用蒸馏水洗,自然干燥。

3. 镜检

先用低倍镜,再用高倍镜,最后用油镜检查(图 1-17、图 1-18)。

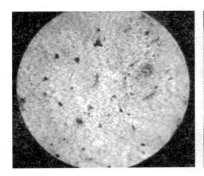
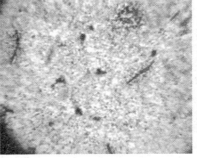
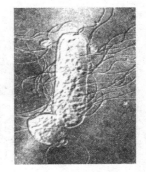

图 1-17　枯草芽孢杆菌鞭毛染色　　　　　　　图 1-18　鞭毛染色

(三)荚膜染色

1. 制菌液

加 1 滴墨水于洁净的载玻片上,挑少量菌体与其充分混合均匀。

2. 推片

另取一清洁载玻片一端接触菌液,以 30°角进行推片,顺势将菌液刮过(图 1-19),使其成均一的薄层。

3. 晾干

在空气中自然晾干。

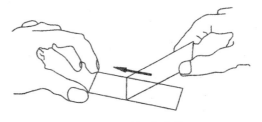

图 1-19　黑墨水涂片

4. 镜检

先用低倍镜、再用高倍镜、油镜观察。

五、实验报告

(1)绘出所观察菌种的芽孢和菌体的形态图。

(2)绘出细菌鞭毛的形态及着生位置。

(3)绘出固氮菌的菌体和荚膜的形状。

六、注意事项

用鞭毛染色法准确鉴定一株菌是否有鞭毛,要注意以下环节。

(1)良好的培养物,是鞭毛染色成功的基本条件。不宜用已形成芽孢或处于衰老期培养物作为鞭毛染色的菌种材料,因为老龄细菌鞭毛容易脱落。

(2)玻片要光滑、洁净(用洗衣粉洗),尤其忌用带油迹的玻片(将水滴在玻片上,无油迹玻片水能均匀散开)。这是染色的关键。

(3)挑菌时,尽可能不带培养基。菌量要少。

(4)掌握好染色时间。

七、思考题

(1)用简单染色法能否观察到细菌的芽孢? 说明原因。

(2)用鞭毛染色法准确鉴定一株菌是否有鞭毛,要注意哪些环节?

(3)荚膜染色为什么要用衬托染色法?

实验 1-9　微生物的大小及数量测定

一、实验目的

(1)学习测微技术,掌握使用显微测微尺测定微生物(酵母菌)大小的方法。

(2)掌握对不同形态细菌大小测定的分类学基本要求,增强对微生物细胞大小的感性认识。

（3）学习并掌握使用血细胞计数板测定微生物细胞或孢子数量的原理和方法。

二、实验原理

1. 微生物大小的测定

微生物的大小是微生物基本的形态特征，也是分类鉴定的依据之一。微生物大小测定需借助具有精密刻度的显微测微尺——目镜测微尺和物镜测微尺（图 1-20）来完成。

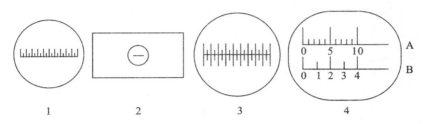

A. 目镜测微尺；B. 物镜测微尺

1. 目镜测微尺；2. 物镜测微尺；3. 物镜测微尺的中心部放大；

4. 物镜测微尺标定目镜测微尺时两者的重叠

图 1-20 目测微尺和物测微尺示意图

目镜测微尺是一块可放入目镜内的圆形小玻片，其中央有精确的等分刻度，一般有把 5 mm 长度等分为 50 小格和把 10 mm 长度等分为 100 小格两种。每小格所代表的实际长度随不同放大倍数的物镜而改变，使用前需用物镜测微尺标定。测量时，需将其放在目镜中的隔板上，用以测量经显微镜放大后的物像。

物镜测微尺（又称台尺、镜台测微尺）是一个特制载玻片，中央刻有 1 mm 长的标尺。标尺被精确等分为 10 个大格，每个大格又分为 10 个小格，共 100 个小格，每个小格 10 μm。物镜测微尺并不直接用来测量细胞的大小，而是用于校正目镜测微尺每格的实际长度。

用目镜测微尺测量微生物大小时，必须先用物镜测微尺进行校正，然后根据微生物相当于目镜测微尺的格数计算出实际大小。

2. 显微直接计数法

测定微生物细胞数量的方法很多，有分光光度法、显微直接计数法、平板计数法、光电比浊法、最大或然数法（most probable number，MPN）以及膜过滤法（membrane filtration）等。分光光度法比较简便，易操作，但是会使数据严重偏大；而平板计数法则会使实验数据严重偏小。显微计数法适用于各种含单细胞菌体的纯培养悬浮液，但如有杂菌或杂质，常不易分辨。用于微生物直接测数的计数板有细菌计数板和血球计数板（图 1-21）两种。两者的构造基本一致，其正面及侧面见图 1-22 A 与 B。细菌计数板和血球计数板的差别在于计数室高度，前者为 0.02 mm，一般用于计数细菌等较小的微生物；后者高 0.1 mm,一般用于计数菌体较大的酵母菌或霉菌孢子等。细菌计数板较薄,可以使用油镜观察;而血球计数板较厚,不能使用油镜,计数板下部的细菌不易看清。图 1-21 右图为放大后的计数网格,通常取中央一大格(计数室)进行计数。本实验采用血球计数板法,主要目的是了解血球计数板法的构造和使用方法,学会用血球计数板对酵母菌细胞进行计数。

血球计数板(图 1-21)是一块特制的厚型载玻片,载玻片上有 4 条槽而构成 3 个平台。中间较宽的平面比其他平面略低,被一短横槽分隔成两半,每个半边上面各有一个刻有 9 个大方格的计数区,中间的一个大方格为计数室,它的长和宽均为 1 mm,深度为 0.1 mm,其体积为 0.1 mm³。计数室的刻度有两种:一种是把大方格分为 16 个中方格,而每个中方格又分成 25 个小方格(图 1-21 C);另一种是把大方格分成 25 个中方格,而每个中方格又分成 16 个小方格(图 1-21 D)。计数区由 400 个小方格组成。每个大方格边长为 1 mm,其面积为 1 mm²,盖上盖玻片后,盖载玻片间的高度为 0.1 mm,所以每个计数区的体积为 0.1 mm³。使用血球计数板计数时,通常测定 5 个中方格的微生物数量,求其平均值,再乘以 25 或 16,就得到一个大方格的总菌数,最后再换算成 1 mL 菌液中微生物的数量。设 5 个中方格中的总菌数为 M,菌液稀释倍数 N,则:

$$1 \text{ mL 菌液中的总菌数} = \frac{M}{5} \times 25 \times 10^4 \times N = 5 \times 10^4 \times M \cdot N \text{(25 个中格)}$$

$$= \frac{M}{5} \times 16 \times 10^4 \times N = 3.2 \times 10^4 \times M \cdot N \text{(16 个中格)}$$

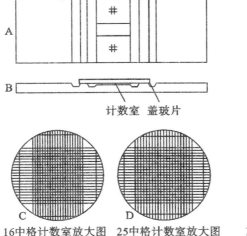

16 中格计数室放大图　25 中格计数室放大图

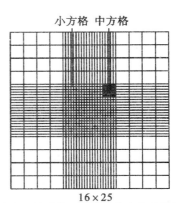

小方格　中方格

16×25

放大后的计数区,中间大方格为计数室

A. 正面图;B. 侧面图;C. 16 中格计数室放大图;D. 25 中格计数室放大图

图 1-21　血球计数板的构造图

注意:①此方法适用于细胞数较多的样品测定,一般适用于细胞浓度为 $10^5 \sim 10^6$ 以上的样品。当样品中的细胞浓度较低时,需选择其他方法测定,否则因误差太大影响实验结果。②此法只能得到微生物细胞的总数，并不能区分活菌和死菌，因此在计数时需注意杂质对结果的影响。

三、溶液试剂

(1)菌种：酿酒酵母、枯草芽孢杆菌。

(2)溶液试剂：0.1%吕氏碱性亚甲蓝染液、蒸馏水。

(3)仪器及其他用品：目镜测微尺、物镜测微尺、普通光学显微镜、擦镜纸、血细胞计数板、盖玻片(22 mm×22 mm)、移液器、滴管、酒精灯、镊子、接种环、试管、锥形瓶、双层瓶(含二甲苯、香柏油)等。

四、实验内容

(一)微生物大小的测定

1. 目镜测微尺的安装

把一侧目镜的上透镜旋开，将目镜测微尺轻轻放在目镜的隔板上，使有刻度的一面朝下。旋上目镜透镜，再将目镜插入镜筒内(图 1-22)。

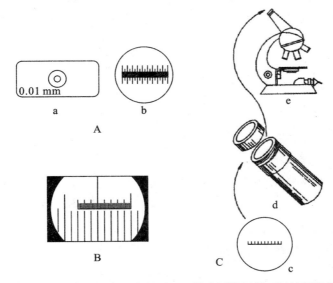

A. 镜台测微尺(a)及其中央部分的放大(b)；B. 镜台测微尺校正目镜测微尺时的情况；

C. 目镜测微尺(c)及其安装在目镜(d)上再装在显微镜(e)上的方法

图 1-22 测微尺及其安装和校正

2. 校正目镜测微尺

(1)将物测微尺放在显微镜的载物台上，使有刻度的一面朝上并对准聚光器。

(2)先用低倍镜观察，再用高倍镜、油镜观察。观察时，调焦距。待看清物镜测微尺的刻度后，转动目镜，使目镜测微尺的刻度与物镜测微尺的刻度相平行。移动物镜测微尺,使目镜测微尺的"0"刻度与物镜测微尺的一条刻度线重合,再找另一条重合线。

（3）分别数出两重合线之间物镜测微尺和目镜测微尺所占的格数。各种放大倍数各测量 3 次,取平均值。用同样的方法换成高倍镜和油镜进行校正,分别测出在高倍镜和油镜下两重合线之间两尺分别所占的格数。

（4）根据下列公式分别计算出用低倍镜、高倍镜和油镜观察微生物时,目镜测微尺每格所代表的实际长度。

$$目镜测微尺每格长度(\mu m) = \frac{两重合线间物镜测微尺格数 \times 10}{两重合线间目镜测微尺格数}$$

（5）移去物镜测微尺,将其洗净、晾干、放回盒内。

3. 菌体大小的测定

（1）制作枯草芽孢杆菌的单染色制片:洗片→干燥→加热、固定、干燥→亚甲蓝染色 1 min 30 s→自然干燥。

（2）制作酵母水浸片:玻片中央滴一滴亚甲蓝→接种酵母菌→盖盖玻片。

（3）将枯草杆菌染色涂片置于载物台上,先在低倍镜和高倍镜下找到目的物,然后在油镜下用目镜测微尺测量菌体的大小。先量出菌体的长和宽各占目镜测微尺的格数,再以目镜测微尺每格的长度计算出菌体的长和宽,即知菌体大小。

同一种群中的不同菌体细胞之间也存在个体差异,因此在测定每一种菌种细胞大小时应对多个细胞进行测量,然后计算取平均值。一般镜检 3～5 个视野,每个视野测量 3～5 个菌体。

（4）同法测量酵母菌体的大小。

（二）显微镜计数

（1）血球计数板清洗。

（2）自然干燥。

（3）对酵母菌液进行适当的梯度稀释。取原液 1 mL 到试管中,再用移液管移入 9 mL 水。取上一次稀释的菌液中的 1 mL 加到另一支试管中,并加 9 mL 水。依此类推,即可得到一系列稀释梯度的菌液。

（4）加样品。血球计数板盖上盖玻片,将酵母菌液摇匀。用无菌滴管吸取少许,从计数板平台两侧的沟槽内沿盖玻片的下边缘滴入一小滴（不宜过多）,让菌液利用液体的表面张力充满计数室,避免气泡产生。用吸水纸吸去沟槽中流出的多余菌液。加样后静置 5 min,使细胞或孢子自然沉降。

（5）将加有样品的血球计数板置于显微镜载物台上,先用低倍镜找到计数室所在位置,然后换成高倍镜进行计数。若发现菌液太浓,需重新调节稀释度后再计数。一般要求每小格内有不多于 5 个菌体。每个计数室选 5 个中格（可选 4 个角和中央的一个中格）中的菌体进行计数。若有菌体位于格线上,则计数原则为计上不计下,计左不计右。如遇酵母出芽,芽体达到母细胞大小一半时,可作为两个菌体计数。

（6）每个样品重复计数 2～3 次（每次数值不应相差过大，否则应重新操作），求出每一个小格中细胞平均数。

（7）清洗。测数完毕，取下盖玻片，用水将血球计数板冲洗干净。切勿用硬物洗刷或抹擦，以免损坏网格刻度。洗净后自行晾干或用吹风机吹干，放入盒内保存，以备下次使用。

五、注意事项

（1）使用物镜测微尺进行校正时，若一时无法直接找到测微尺，可先对标尺外的圆圈线进行准焦，然后再通过移动标本推进器寻找。

（2）细菌的个体微小，在进行细胞大小测定时一般应选用油镜，以减小误差。

（3）进行显微镜计数时应先在低倍镜下寻找大方格的位置，找到计数室后将其移至视野中央，再换高倍镜观察和计数。

（4）酵母菌计数实验中，加样品前一定将菌液摇匀。

（5）为了确定稀释梯度，可以先将酵母菌的原液加到计数板上计数。

六、实验数据记录

实验数据可以表格的形式记录（表 1-1 至表 1-3）。

表 1-1　微生物的显微计数（25×16）

	1	2	3	4	5	小计	总数	每毫升细胞数
1室								
2室								

表 1-2　不同物镜倍数的校正值

物镜镜头	物镜测微尺格数	目镜测微尺格数	校正值
低倍镜			
高倍镜			
油镜			

表 1-3　油镜下细菌细胞大小的测定

测量次数	细菌名称	测量参数	目镜测微尺格数	细胞实际大小
1	球菌	直径		
	杆菌	长		
		宽		

（续表）

测量次数	细菌名称	测量参数	目镜测微尺格数	细胞实际大小
1	螺旋菌	长		
		宽		
2	球菌	直径		
	杆菌	长		
		宽		
	螺旋菌	长		
		宽		
3	球菌	直径		
	杆菌	长		
		宽		
	螺旋菌	长		
		宽		

七、思考题

（1）为什么更换不同放大倍数的目镜或物镜时，必须用物镜测微尺重新对目镜测微尺进行校正？

（2）在不改变目镜和目镜测微尺，而改用不同放大倍数的物镜来测定同一细菌的大小时，其测定结果是否相同？为什么？

（3）哪些因素会造成血球计数板的计数误差，应如何避免？

实验 1-10　微型动物的计数

一、目的

学习使用显微镜观察活性污泥样品中微型动物的种类、数量及状态。

二、实验器材

（1）活性污泥法曝气池混合液。

（2）显微镜、小量筒、滴管等。

（3）计数板。

如果没有微型动物计数的计数板（微型动物，即使是原生动物，也比细菌大得多，一般的细菌或血球计数板都不适用），则可按照如下方法制作。

采用厚质玻璃割成 9 cm 长，4 cm 宽的长方块，玻璃厚度以 0.3～0.4 cm 为宜。利用氢氟酸腐蚀法，在玻璃板中央刻上 100 个（10×10）小方格。小方格的大小没有严格规定，只要一片大号盖玻片能盖满格子有余和便于在显微镜下计数就可以了。将大号盖玻片切成宽约 0.7 cm 的玻条，用阿拉伯树胶粘在计数用的小方格的四周，使形成一圈凸起的边框。这样，就制成了一块微型动物计数板，如图 1-23 所示。

氢氟酸腐蚀法划方格的方法如下：先在玻璃表面均匀地涂一薄层石蜡，然后用尖针在石蜡层上刻出所要求的方格，再以氢氟酸蒸汽进行重蒸。

三、计数方法及步骤

（1）将活性污泥法曝气池混合液轻轻搅拌均匀。如混合液较浓，则可 1∶1 稀释。稀释方法：取 10 mL 量筒 1 个，加混合液 5 mL 再加蒸馏水 5 mL，轻轻搅拌均匀，即成 1∶1 稀释液。

（2）取洗净的滴管一支（滴管一滴水的体积应预先标定，一般每一滴水的体积约为 1/20 mL），吸取摇匀的混合液或已稀释的混合液，加 1 滴到计数板的中央方格内，然后盖上一块洁净的大号盖玻片，使玻片的四周正好搁在计数板凸起的边框上，侧视如图 1-23B 所示。

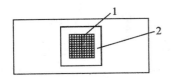

1. 小方格；2. 凸起的边框

A. 正视

1. 盖玻片；2. 计数板；3. 凸起的边框；4. 稀释液

B. 侧视

图 1-23　微型动物计数板

（3）用低倍显微镜进行计数。所滴加的液体不一定布满整个 100 格小方格。在显微镜下计数时只要把充有液体的小方格，挨着次序一行行地计算即可。记录各种动物的活动能力、形态结构等。

原生动物中有不少种类是群体，须将群体和群体上的个体分别计数。

（4）计算。设在一滴水中测得钟虫 30 只，则每毫升混合液中含有钟虫 30×2×20＝1 200只，如测得轮虫 10 只，则每毫升混合液含轮虫 10×2×20＝400 只（如滴管每一滴体积为 1/20 mL，所观察的液体是 1∶1 稀释的曝气池混合液）。

四、记录

微型动物观察记录表见表 1-4。

表 1-4　微型动物数量记录表

微型动物	优势种（数量及状态）描述	
	其他种（种类、数量及状态）描述	

五、注意事项

（1）如无计数板，则可用下法进行计数。取洗净的滴管 1 支（其一滴水的体积应预先标定）吸取混合均匀的曝气池混合液或已稀释的混合液，滴 1 滴在载玻片的中央，将盖玻片（以方形为好）轻轻盖在水滴上，要避免盖玻片内形成气泡。

用低倍镜观察标本并计数。计数时，可先将视野放在盖玻片的右上角（根据各人的习惯，也可放在另一角），然后移动玻片，视野即可随之从上而下、从左而右通过。当前一个视野数完，并做好记录后，再换第二个视野，如此往复将整个盖玻片下面的动物全部计数完毕。注意在调换视野时，不可使相邻的视野重叠或遗漏。最后换算成 1 mL 混合液中的动物数。

生物滤池和生物转盘上的生物膜形成胶状，浓度大，一般都必须稀释后计数，可在实践中摸索适当的稀释比。

上述计数方法仅适用于原生动物和轮虫，对个体较大的微型动物和线虫等，则须加大计数容量，以免造成误差。

（2）为了避免微生物游动而影响计数，可用接种环加一环氯化汞（$HgCl_2$）饱和溶液以杀死微生物。

六、思考题

怎样通过了解微型动物种类或数量变化来反映废水处理情况？

实验 1-11　微生物数量的测定——光电比浊计数法

细菌群体生长表现为细胞数目的增加或细胞物质的增加。测定细胞数目的方法有显微镜直接计数法（direct microscopic count）、平板菌落计数法（plate count）、光电比浊法（turbidityestimation by spectrophotometer）、最大或然数法（most probable number）以及膜过滤法（membrane filtration）等。测定细胞物质的方法有细胞干重的测定，细胞某种成分如氮的含量、RNA 和 DNA 的含量测定，代谢产物的测定等。总之，测定微生物生长量的方法很多，各有优缺点，工作中应根据具体情况要求加以选择。本实验主要介绍生产、科研工作中常用的方法之一——光电比浊计数法。

一、目的要求

(1)了解光电比浊计数法的原理。
(2)学习、掌握光电比浊计数法的操作方法。

二、基本原理

当光线通过微生物菌悬液时,菌体的散射及吸收作用使光线的透过量降低。在一定的范围内,微生物细胞浓度与透光度成反比,与光密度成正比,而光密度或透光度可以由光电池精确测出。因此,可用一系列已知菌数的菌悬液测定光密度,做出光密度-菌数标准曲线。然后,根据样品液所测得的光密度,从标准曲线中查出对应的菌数。制作标准曲线时,菌体可采用血细胞计数板计数、平板菌落计数或细胞干重测定等方法。本实验采用血细胞计数板计数。光电比浊计数法的优点是简便、迅速,可以连续测定,适于自动控制。但是,由于光密度或透光度除了受菌体浓度影响之外,还受细胞大小、形态、培养液成分以及所采用的光波长等因素的影响。因此,对于菌悬液,光电比浊计数中应采用相同的菌株和培养条件制作标准曲线。光波的选择通常在 400~700 nm,具体到某种微生物采用多少还需要经过最大吸收波长以及稳定性试验来确定。另外,颜色太深的样品或在样品中还含有其他干扰物质的悬液不适合用此法进行测定。

三、器材

(1)菌种:酿酒酵母培养液。
(2)仪器或其他用品:721 型分光光度计、血细胞计数板、显微镜、试管、吸水纸、无菌吸管、无菌生理盐水等。

四、操作步骤

(一)标准曲线制作

1. 编号
取无菌试管 7 支,分别用记号笔将试管编号为 1、2、3、4、5、6、7。

2. 调整菌液浓度
用血细胞计数板计数培养 24 h 的酿酒酵母菌悬液,并用无菌生理盐水分别稀释调整为每毫升含 1×10^6、2×10^6、4×10^6、6×10^6、8×10^6、10×10^6、12×10^6 个细胞的悬液。将梯度稀释的菌悬液分别装入 1 至 7 号无菌试管中。

3. 测 OD 值
将 1 至 7 号不同浓度的菌悬液摇匀后于 560 nm 波长、1 cm 比色皿中测定 OD 值。比色测定时,用无菌生理盐水作为空白对照,并将 OD 值填入表 1-5。每管菌悬液均必须先摇匀后再倒入比色皿中测定。

表 1-5   不同浓度菌悬液 OD 值记录表

管号	1	2	3	4	5	6	7	8
细胞浓度/(10^6 个/毫升)								
OD 值								

4. 绘制标准曲线

以 OD 值为纵坐标，以每毫升细胞数为横坐标，绘制标准曲线。

（二）样品测定

将待测样品用无菌生理盐水适当稀释，摇匀后倒入 1 cm 比色皿，在 560 nm 波长下测定光密度。测定时用无菌生理盐水作为空白对照。各种操作条件必须与制作标准曲线时的相同，否则测得值所换算的含菌数会不准确。

（三）根据所测得的光密度值，从标准曲线查得每毫升的含菌数。

五、实验报告

1. 结果

每毫升样品原液菌数＝从标准曲线查得每毫升的菌数×稀释倍数

2. 思考题

(1)光电比浊计数的原理是什么？这种计数法有何优缺点？

(2)光电比浊计数在生产实践中有何应用价值？

(3)本实验为什么采用 560 nm 波长测定酵母菌悬液的光密度？如果你在实验中需要测定大肠杆菌生长的 OD 值，你将如何选择波长？

实验 1-12   微生物平板菌落计数法

一、实验目的

学习并掌握平板菌落计数的基本原理和方法。

二、实验原理

平板菌落计数法是根据微生物在固体培养基上所形成的一个菌落是由一个单细胞繁殖而成的现象进行的，也就是说一个菌落即代表一个单细胞。计数时，先将待测样品进行一系列稀释，再取一定量的稀释菌液接种到培养皿中，使其均匀分布于平皿中的培养基内,经培养后,由单个细胞生长繁殖形成菌落,统计菌落数目,即可换算出样品中的含菌数。这种计数法的优点是能测出样品中的活菌数。此法常用于某些成品检定(如杀虫菌剂),生物制品(如活菌制剂)检测以及食品、饮料和水(包括水源水)等的含菌指数或污染程度的检测。但平板菌落计数法的步骤烦琐,而且测定值常受各种因素的影响。

三、实验仪器和材料

(1)菌种:大肠杆菌。

(2)培养基:牛肉膏蛋白胨培养基。

(3)其他用具:1 mL 无菌吸管,无菌平皿,盛有 4.5 mL 无菌水的试管,试管架,恒温培养箱等。

四、实验步骤

1. 编号

取无菌平皿 9 个,每 3 个为一组;3 组分别用记号笔标明 10^{-4}、10^{-5}、10^{-6}(稀释度)。另取 6 支盛有 4.5 mL 无菌水的试管,依次标 10^{-1}、10^{-2}、10^{-3}、10^{-4}、10^{-5}、10^{-6}。

2. 稀释

用 1 mL 无菌吸管吸取 1 mL 已充分混匀的大肠杆菌菌悬液(待测样品),精确地放 0.5 mL 至标 10^{-1} 的试管中,此即为 10 倍稀释,得到 10^{-1} 稀释度的菌液。将多余的菌液放回原菌液中。将标 10^{-1} 的试管置试管振荡器上振荡,使菌液充分混匀。另取一支 1 mL 吸管插入标 10^{-1} 的试管中来回吹吸菌悬液 3 次,进一步将菌体分散、混匀。吹吸菌液时不要太猛、太快,吸时吸管伸入管底,吹时离开液面,以免将吸管中的过滤棉花浸湿或使试管内液体外溢。用此吸管吸取 10 倍稀释的菌液 1 mL,精确地放 0.5 mL 至标 10^{-2} 的试管中,此即为 100 倍稀释,得到 10^{-2} 稀释度的菌液。其余依次类推。

放菌液时吸管不要碰到液面,即每一支吸管只能接触一个稀释度的菌悬液,否则稀释不精确,结果误差较大。

3. 倒平板法

(1)取样。用 3 支 1 mL 无菌吸管分别吸取 10^{-4}、10^{-5} 和 10^{-6} 稀释度的菌悬液各 1 mL,对号放入编好号的无菌平皿中,每个平皿放 0.2 mL。

注意:不要用 1 mL 吸管每次只靠吸管尖部吸 0.2 mL 稀释菌液放入平皿中,这样容易加大同一稀释度几个重复平皿间的操作误差。

(2)倒平板。尽快向上述盛有不同稀释度菌液的平皿中倒入熔化后冷却至 45℃ 左右的牛肉膏蛋白胨培养基约 15 毫升/平皿,置水平位置迅速旋动平皿,使培养基与菌液混合均匀,而又不使培养基荡出平皿或溅到平皿盖上。

注意:由于细菌易吸附到玻璃器皿表面,所以菌液加到培养皿后,应尽快倒入融化并已冷却至 45℃ 左右的培养基,立即摇匀,否则细菌将不易分散或长成的菌落连在一起,影响计数。

(3)待培养基凝固后,将平板倒置于37℃恒温培养基中培养。

4. 涂布法

涂抹平板计数法与倒平板法基本相同,所不同的是先将培养基熔化后趁热倒入无菌平皿中,待凝固后编号,然后用无菌吸管吸取0.1 mL菌液对号接种在不同稀释度编号的琼脂平板上(每个编号共3个重复)。再用无菌刮铲将菌液在平板上涂抹均匀。每个稀释度用一个灭菌刮铲,更换稀释度时需将刮铲灼烧灭菌。在按先低浓度后高浓度的顺序涂抹时,可以不更换刮铲。将涂抹好的平板平放于桌上20~30 min,使菌液渗透入培养基内,然后将平板倒转,37℃保温培养,至长出菌落后计数。

5. 计数

培养48 h后,取出培养平板,算出同一稀释度3个平板上的菌落平均数,并按下列公式进行计算:

每毫升中菌落形成单位(CFU)=同一稀释度3次重复的平均菌落数×稀释倍数×5

一般选择每个平板上长有30~300个菌落的稀释度计算每毫升的含菌量较为合适,同一稀释度的3个重复对照的菌落数不应相差很大,否则表示试验不精确。实际工作中同一稀释度重复3个,对照平板不能少于3个,这样便于数据统计,减少误差。由10^{-4}、10^{-5}和10^{-6} 3个稀释度计算出的每毫升菌液中菌落形成单位数也不应相差太大。

平板菌落计数法中,所选择的用于计数的稀释度很重要,一般选择每个平板上长有30~300个菌落的稀释度计算每毫升的菌数。一般3个连续稀释度中的第2个稀释度倒平板培养后,所出现的平均菌落数在50个左右为好,否则要适当增加或减少稀释度加以调整。

五、实验结果

将培养后菌落计数结果填入表1-6。

表1-6　菌落计数表

稀释度	10^{-4}				10^{-5}				10^{-6}			
	1	2	3	平均	1	2	3	平均	1	2	3	平均
CFU数/平板												
每毫升中的CFU数												

六、思考题

(1)为什么融化后的培养基要冷却至45℃左右才能倒平板?

(2)要使平板菌落计数准确,需要掌握哪几个关键?为什么?

(3)试比较平板菌落计数法和显微镜下直接计数法的优缺点及应用。

(4)当你的平板上长出的菌落不是均匀分散的而是集中在一起时,你认为问题出在哪里?

(5)用倒平板法和涂布法计数,其平板上长出的菌落有何不同? 为什么要培养较长时间(48 h)后观察结果?

第二节 微生物的分离、培养与保藏

实验 1-13 培养基的制备——普通牛肉膏蛋白胨固体培养基

一、实验目的

(1)了解配制微生物培养基的基本原理。

(2)学会玻璃器皿的洗涤和各类物品的包装和灭菌的准备工作。

(3)掌握培养基配制和无菌水制备方法。

二、基本原理

大多数微生物均可用人工方法培养。培养基是根据微生物的营养需要,将水、碳源、氮源、无机盐及各种生长因子等按一定比例人工配制而成的营养基质,调整适宜的 pH,高温灭菌后,主要用于微生物的分离、培养、鉴定以及菌种保藏等方面。多数培养基采用一部分天然有机物作为碳源、氮源和生长因子的来源,再适当加入一些化学药品配制,属于半合成培养基,其特点是使用含有丰富营养的天然物质,再补充适量的无机盐,配制方便,又能满足微生物的营养需要,大多数微生物都能在此培养基上生长。

三、实验器材

(1)培养皿、试管、吸管、锥形瓶、吸耳球、烧杯等。

(2)纱布、棉花、报纸、牛皮纸。

(3)pH 试纸(6~8.4)、洗液、10％的盐酸、10％氢氧化钠溶液。

(4)牛肉膏、蛋白胨、氯化钠、琼脂、蒸馏水等。

四、实验内容

(一)玻璃器皿的洗刷与包装

1. 洗刷

玻璃器皿在使用前要进行洗刷。培养皿、试管、锥形瓶等可先用去污粉或肥皂洗刷，然后用自来水冲洗。吸管可以用洗液浸泡，再用水清洗。洗刷干净的玻璃器皿可放在烘箱中烘干。

2. 包装

（1）一套培养皿由一底一盖组成。按实验所需的套数一起用牛皮纸包装。

（2）吸管应在吸端用铁丝塞入少许棉花，构成 1～1.5 cm 长的棉塞，以防细菌吸进口中，并避免将口中的细菌吹入管内。棉花要塞的松紧适宜，吸时既能通气又不会使棉花滑入管内。将塞好棉花的吸管尖端放在 4～5 cm 宽的长纸条的一端，吸管与纸条约成45°，折叠包装纸包住尖端，用左手将吸管压紧，在桌面上向前搓转，纸条即旋转式包在管子外面，余下部分折叠打结。按照实验需要，吸管可单支包装或多支包装，以备灭菌。

培养皿和吸管也有放在特制容器内灭菌的。

（3）棉塞的制作：按试管口或锥形瓶口大小估计用棉量，将棉花铺开，中间厚、周围逐渐变薄，近似正方形。折起铺开的棉花的一角（成五角边形），再将棉花卷成一端粗一端细的棉花卷，之后用纱布包裹棉花卷。这样，棉塞就做好了（图 1-24）。

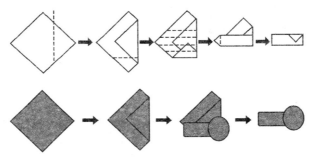

图 1-24　棉花塞的制作

（4）试管和锥形瓶等的管口或瓶口均需用棉花堵塞。将棉塞细端塞入试管或锥形瓶的口内，四周应紧贴管壁和瓶口，不留缝隙，以防空气中微生物沿棉塞皱褶进入。棉塞不能过松或过紧，以手提棉塞，管、瓶不掉下为准。棉塞的 2/3 应在管内或瓶口，上端露出少许，以便拔出。棉塞的大小及形状应如图 1-25 所示。在制作培养基的过程中，如不小心将棉塞粘上培养基，应用清洁棉花重做。

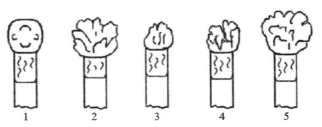

1. 正确的式样；2. 管内部分太短，外部太松；3. 外部过小；4. 整个棉塞过松；5. 管内部分过紧，外部太松

图 1-25　对棉塞的要求

待灭菌的试管和瓶子的口都要用牛皮纸包装,并用线绳捆扎后存放在铁丝篓内以备灭菌。

(二)培养基的制备

1. 步骤

(1)配制溶液。按培养基的配方,称取各种原料。取适量的烧杯盛所需的水量,依次将各种原料加入、溶解。难溶解的原料如蛋白胨、肉膏、琼脂等需加热溶解。当原料全部溶解后应加水补充因蒸发所损失的水量。加热时应不断搅拌以防原料在杯底烧焦。

(2)调整 pH。用 pH 试纸测定培养基溶液的 pH,按要求以 10%盐酸或 10%的氢氧化钠溶液调整到所需的 pH。

(3)过滤。用纱布或棉花过滤均可,如培养基的杂质很少,可不过滤。

(4)分装。据不同需要,将培养基分装在试管和锥形瓶内。要使培养基直接流入管内和瓶内,注意不要污染管壁,并避免沾湿棉塞造成污染。

试管的分装。取一个玻璃漏斗,装在铁架上;漏斗下连一根橡皮管,橡皮管下端再与另一玻璃管相接,橡皮管的中部加一弹簧夹;松开弹簧夹,使培养基直接流入试管内(图 1-26)。

图 1-26　分装培养基

装入试管培养基的量视试管大小及需要而定。若所用试管大小为 15 mm×150 mm 时,液体培养基宜分装至管高的 1/4 左右;如果分装固体或半固体培养基,在琼脂完全融化后,应趁热分装,用于制作斜面的固体培养基的分装量一般为管高的 1/5(3～4 mL);半固体培养基分装量宜为管高的 1/3 左右。培养基分装后,塞好棉塞,用防水纸包扎成捆,贴上标签。

锥形瓶的分装。用于振荡培养微生物时,可在 250 mL 锥形瓶中加入 50 mL 液体培养基;若用于制作平板培养时,可在 250 mL 锥形瓶中加入 150 mL 液体培养基。

(5)斜面培养基的制作。将装有琼脂的培养基的试管进行灭菌后,趁热搁置在木条或木棒上,使试管呈适当的斜度(图 1-27),待培养基凝固。

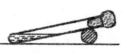

图 1-27　斜面的制作

2. 普通牛肉膏蛋白胨固体培养基

它是一种固体培养基,本实验制备后可供测定细菌总数使用。

此固体培养基成分如下:蛋白胨 2.5 g、牛肉膏 0.75 g、氯化钠 1.25 g、琼脂 2.5～5 g,最后加蒸馏水至 250 mL。

此固体培养基制法如下：①将上列成分混合后，煮沸到琼脂完全溶解，在加热过程中要不断搅拌；②用蒸馏水补充蒸发损失的水分；③调整溶液的 pH 为 7.4～7.6；④趁热用纱布过滤，并分装在试管中，每管装 10～15 mL。如装在锥形瓶则要用 250 mL 锥形瓶，以每瓶装 100 mL 左右为宜。管口或瓶口均用棉花塞住；⑤置高压蒸汽灭菌器中，以 121℃灭菌 20 分钟，然后储存在阴暗处备用。

（三）无菌水的制备

在试管或瓶内先盛适量的自来水，使其灭菌后水量恰为 9 mL 或 99 mL，此种适量的水体积可在灭菌器内由实验求得。也可先将管或瓶灭菌，再用灭菌的吸管取灭菌的自来水 9 mL 或 99 mL 加入管或瓶中。无菌水常用来稀释水样。

五、思考题

(1)试分析普通牛肉膏蛋白胨培养基中的不同成分的作用。

(2)为何要用棉塞堵管口和瓶口？

(3)在培养基制备的操作过程中应注意些什么问题？为什么？

(4)培养基配制完成后，为什么必须立即灭菌？若不能及时灭菌应如何处理？已灭菌的培养基如何进行无菌检查？

附：培养基的配制注意事项

培养基的质量是微生物试验成功与否的关键因素。适宜的培养基制备方法、贮藏条件和质量控制试验是提供优质培养基的保证。

(1)培养基可按配方制备也可使用按配方生产的符合规定的商品化成品培养基，脱水培养基除附有配方和使用说明外还应注明有效期、贮存条件、适用性试验的质控菌株和用途。配制时应按使用说明上的要求操作，受潮结块的不能使用，以确保培养基的质量符合要求。

(2)配制培养基使用的容器应是玻璃器皿或搪瓷器皿如搪瓷筒、量筒、漏斗、三角烧瓶、刻度吸管、试管、培养皿等。器皿应洗净、用蒸馏水冲净、烘干后方可使用。禁用金属容器如铁、铜、铝容器，避免金属离子与培养基成分结合，生成有害物质，影响细菌生长。

(3)使用蒸馏水完全冲洗玻璃器皿以消除清洁剂和外来物质的残留，并进行清除污物的确认。

(4)配制培养基最常用的溶剂是纯净水，特殊情况下需要用去离子水和蒸馏水，对热敏感的培养基应用灭菌水和无菌容器配制与分装，配制时若需加热助溶应注意温度不要过高。

(5)对配制培养基的过程做详细的记录，记录内容包括配制日期、培养基名称、成分、配制数量、质量监控结果等。

实验 1-14 培养基母液的配制

一、实验目的

(1)了解无菌操作。

(2)掌握培养基母液的配制方法。

二、实验原理

配制培养基时,为了使用方便和用量准确,通常采用母液法进行配制,即将所选培养基配方中各试剂的用量,扩大若干倍后再准确称量,分别先配制成一系列的母液置于冰箱中保存,使用时按比例吸取母液进行稀释,完成培养基配制。

三、实验器材和药品

(1)器材:电子天平、烧杯、容量瓶、细口瓶、药勺、玻璃棒、电炉。

(2)药品:硝酸铵、硝酸钾、二水合氯化钙、七水合硫酸镁、磷酸二氢钾、碘化钾、硼酸、四水合硫酸锰、七水合硫酸锌、钼酸钠二水合物、五水合硫酸铜、六水合氯化钴、七水合硫酸亚铁、二水合乙二胺四乙酸二钠、肌醇、烟酸、盐酸吡哆醇(维生素 B_6)、盐酸硫胺素(维生素 B_1)、甘氨酸。

四、实验步骤

1. 大量元素母液的配制

各成分按照表 1-7 每升培养基中含量的 10 倍用天平称取,用蒸馏水分别溶解,按顺序逐步混合,最后用蒸馏水定容到 1 000 mL 的容量瓶中,即为 10 倍的大量元素母液。将母液倒入细口瓶,贴好标签保存于冰箱中。配制培养基时,每配 1 L 培养基取此母液 100 mL。

表 1-7 MS 培养基大量元素母液制备

序号	药品名称	培养基浓度/(mg/L)	扩大 10 倍称量/mg
1	硝酸铵	1 650	16 500
2	硝酸钾	1 900	19 000
3	二水合氯化钙	440	4 400
4	七水合硫酸镁	370	3 700
5	磷酸二氢钾	170	1 700

注意：

（1）配制大量元素母液时，某些无机成分如钙离子、硫酸根离子、镁离子和磷酸二氢根离子等在一起可能发生化学反应，产生沉淀物。为避免此现象发生，母液配制时要用纯度高的重蒸馏水溶解，药品采用等级较高的分析纯。各种化学药品必须先以少量重蒸馏水充分溶解后才能混合，混合时应注意先后顺序。特别应将钙离子、硫酸根离子、镁离子和磷酸二氢根离子等错开混合，速度宜慢，边搅拌边混合。

（2）二水合氯化钙要在最后单独加入。在溶解二水合氯化钙时，蒸馏水需加热沸腾，除去水中的二氧化碳，以防沉淀。另外，二水合氯化钙放入沸水中易沸腾，操作时要防止其溢出。

2. 微量元素母液的配制

MS 培养基的微量元素无机盐由 7 种化合物（除 Fe）组成。微量元素用量较少，特别是五水合硫酸铜、六水合氯化钴，因此在配制中分微量 I、II 配制。按照表 1-8、表 1-9 配方，用电子天平称量，其他步骤同大量元素。配制培养基时，每配制 1 L 培养基，取微量 I 10 mL，微量 II 0.1 mL。

表 1-8　MS 培养基微量 I 的配制

序号	化合物名称	培养基浓度/(mg/L)	扩大 100 倍称量/mg
1	四水合硫酸锰	22.3	2 230
2	七水合硫酸锌	8.6	860
3	硼酸	6.2	620
4	碘化钾	0.83	83
5	钼酸钠二水合物	0.25	25

表 1-9　MS 培养基微量 II 的配制

序号	化合物名称	培养基浓度/(mg/L)	扩大 10 000 倍称量/mg
1	五水合硫酸铜	0.025	250
2	六水合氯化钴	0.025	250

注意：使用电子分析天平时注意不要把药品撒到秤盘上，用完以后，用吸耳球将天平内的脏物清理干净。

3. 铁盐母液的配制

铁盐不是都需要单独配成母液，如柠檬酸铁，只需和大量元素一起配成母液即可。目前常用的铁盐是硫酸亚铁和乙二胺四乙酸二钠的螯合物，必须单独配成母液。这种螯合物使用起来方便，又比较稳定，不易发生沉淀。配制方法同上，直接用蒸馏水加热搅拌溶解，定容至 1 L。配制培养基时，配制 1 L 取此液 10 mL。见表 1-9。

表 1-10　MS 铁盐母液的配制

序号	化合物名称	培养基浓度/(mg/L)	扩大 100 倍称量/mg
1	二水合乙二胺四乙酸二钠	37.3	3 730
2	七水合硫酸亚铁	27.8	2 780

注意:在配制铁盐时,如果加热搅拌时间过短,会造成硫酸亚铁和乙二胺四乙酸二钠螯合不彻底。此时若将其冷藏,硫酸亚铁会结晶析出。为避免此现象发生,配制铁盐母液时,硫酸亚铁和乙二胺四乙酸二钠应分别加热溶解后混合,并置于加热搅拌器上不断搅拌至溶液呈金黄色(加热 20~30 min),调 pH 至 5.5,室温放置冷却后再冷藏。

4. 有机母液的配制

MS 培养基的有机成分有甘氨酸、肌醇、烟酸、盐酸硫胺素和盐酸吡哆素。培养基中的有机成分原则上应分别单独配制。配制直接用蒸馏水溶解,定容至 1 L。注意称量时用电子分析天平。配制培养基时,每配 1 L 培养基取此液 5 mL(表 1-11)。

注意:由于维生素母液营养丰富,因此贮藏时极易染菌。被菌类污染的维生素母液,有效浓度降低,并且易给后期培养造成危害,不宜再用。避免此现象发生的方法是,配制母液时用无菌重蒸馏水溶解维生素,并贮存在棕色无菌瓶中,或缩短贮藏时间。

表 1-11　MS 培养基有机物质母液的制备

序号	化合物名称	培养基浓度/(mg/L)	扩大 200 倍称量/mg
1	甘氨酸	2	400
2	肌醇	100	20 000
3	盐酸硫胺素(V_{B1})	0.5	100
4	盐酸吡哆素(V_{B6})	0.5	100
5	烟酸	0.5	100

5. 激素母液配制

植物组织培养中使用的激素种类及含量需要根据不同的研究目的而定。一般激素母液的配制的终浓度以 0.5 mg/mL 为好。需要注意以下几点:

(1)配制生长素类,如 IAA、NAA、2,4-D、6BA,应先用少量 95%乙醇或无水乙醇充分溶解,或者用 1 mol/L 的 NaOH 溶解,然后用蒸馏水定容到一定的浓度。

(2)细胞分裂素,如 KT,应先用少量 95%乙醇或无水乙醇加 3~4 滴 1 mol/L 的盐酸溶解,再用蒸馏水定容。

(3)配制生物素,用稀氨水溶解,然后定容。

注意:所有的母液都应保存在 0℃~4℃冰箱中。若母液出现沉淀或霉团则不能继续使用。

实验 1-15 高压蒸汽灭菌实验

一、实验目的

(1)学习灭菌的准备工作。

(2)学习掌握高压蒸汽灭菌技术

二、实验原理

加压蒸汽灭菌法是利用高压灭菌器,使水的沸点随压力加大而升高(表 1-12),以高温蒸汽来杀灭微生物的湿热灭菌方法。

通过变性作用灭菌:蛋白质包括(酶)在高温和高压下发生不可逆的变性而杀灭微生物。

通过凝固作用灭菌:蛋白质的凝固温度随水分增多而降低(表 1-13),因此,水分少或无水分的物品需提高温度才能使菌体蛋白质凝固。

通过穿透作用灭菌:湿热穿透能力强(表 1-14),在水蒸气与被灭菌的物品接触后,可放出大量汽化潜热,迅速提高被灭菌物品的温度,提高灭菌效率。在同一温度下,湿热的杀菌效率一般高于干热。

表 1-12　加压蒸汽灭菌器中压力与蒸汽温度之间的关系

压力表 /(磅/英寸²)	所示压力 /(kg/cm²)	全部水蒸气 (无空气)	50%空气	全部空气
5	0.35	108℃	94℃	72℃
10	0.7	115℃	105℃	90℃
15	1.05	121℃	112℃	100℃
20	1.41	120℃	118℃	109℃

表 1-13　菌体蛋白质的凝固温度与其含水量的关系

蛋白质含水时/%	凝固温度/℃
50	56
25	74~80
18	80~90
6	145
0	160~170

表 1-14　湿热与干热的穿透力及其灭菌效果比较

温度/℃	时间/h	透过布层的温度/℃			灭菌效果
		20 层	40 层	100 层	
130～140(干热)	4	86	72	70.5	不完全
105.3(湿热)	3	101	101	101	完全

三、实验器材

(1)培养皿、试管、吸管、锥形瓶、烧杯。

(2)纱布、棉花、报纸、牛皮纸。

(3)高压蒸汽灭菌器、电烘箱、冰箱、电炉等。

四、实验内容

(1)加水。热源为煤气灯或电炉者,需先加水到器内底层隔板以下 1/3 处;有加水口的从加水口加入,至水位到水线时停止。若热源为蒸汽不必加水。

(2)把需要灭菌的器物放入灭菌器内(注意器物间留有空隙),关严灭菌器盖,不要漏气。

(3)打开出气口。

(4)点火。如热源为蒸汽,则应慢慢打开蒸汽进口,不要让蒸汽过猛冲入灭菌器内。

(5)器内的水沸腾后,蒸汽逐渐驱除内部原有冷空气。如灭菌器装有温度计,当温度计显示 100℃时,表明器内已经充满了蒸汽,可以关闭出气口;如没有温度计,则当出气口排出的蒸汽特别猛烈时认为冷空气被全部驱除,可以关闭出气口。应当特别注意,如果冷空气没有排尽,器内虽然到达一定的气压,但不会到达所需的温度。

(6)关闭出气口后,器内的蒸汽将不断增多,压力和温度不断升高。当蒸汽压达到所需的压力时,即为灭菌时间开始,这时要调整火力的大小,以维持所需的压力。灭菌时间的长短由灭菌物体所决定。玻璃器皿,无菌水营养琼脂培养基可用 1 kg/cm^2(121℃)的压力灭菌 20 min,含糖的培养基用 0.7 kg/cm^2(115℃)的压力 20 min。

(7)灭菌的时间达到,停止加热。

(8)等压力计指数到了 0 时,打开出气口。如果过早打开,压力骤减,温度并不会很快下降,会导致培养基翻腾,污染棉塞。

(9)揭开器盖,取出灭菌的物品,将剩余的水放掉。

(10)待灭菌物冷却后,取出置于冰箱内放置待用。

五、思考题

(1)为什么灭菌前需要排出冷空气?

(2)含糖培养基为什么需要在 115℃灭菌?

实验 1-16 干热灭菌实验

最简单的干热灭菌法是火烧法,可用于接种环、接种针、试管口等灭菌及废弃物的焚化。微生物实验室中常用的干热灭菌是指干热空气灭菌。干热空气灭菌适于玻璃器皿、金属用具等的灭菌,但不能用于培养基等含水分物品。

一、实验目的

掌握培养皿、移液管及其他玻璃器皿的灭菌方法。

二、实验原理

利用空气干热、高温杀死玻璃器皿表面的微生物,又使玻璃器皿上的水分蒸发。

三、实验仪器

实验仪器包括恒温干燥箱(烤箱)、培养皿、移液管、量筒、三角瓶、玻璃棒等。

四、操作步骤

1. 玻璃器皿的清洗包装

此步请参见第一章第三节实验 1-13。

2. 操作步骤

(1)将包扎好的待灭菌的玻璃器皿,置于恒温干燥箱内,注意器皿间留出空隙,以利于空气的流通。

(2)关门,接通电源,打开开关,旋动调节器至指定温度,常用温度为 160℃～170℃,超过 180℃易使包扎用纸炭化。

(3)当温度达到指定温度时,维持恒温 2 h,方能达到灭菌效果。

(4)灭菌后,关闭开关,切断电源,待温度降至 70℃时,打开箱门,取出灭菌物品。

五、思考题

(1)什么样的物品不适于用干热灭菌? 为什么?

(2)干热灭菌温度极限是多少摄氏度?

实验 1-17　间歇式灭菌实验

间歇式灭菌是一种湿热灭菌方法,特别适用于某些不耐高温的物品和培养基灭菌。

一、实验目的

(1)学会间歇式灭菌方法。
(2)掌握间歇式灭菌原理。

二、实验原理

间歇式灭菌中,将待灭菌物品经 3 次灭菌后方能完成灭菌,不需加压。

三、实验器材

实验器材包括流动式蒸汽灭菌器、生化恒温培养箱、玻璃器皿。

四、实验试剂

实验试剂包括酵母浸膏、干酪素、葡萄糖、氯化钠、α-胱氨酸、甘露醇、琼脂。

五、实验操作步骤

1. 培养基的配制
酵母浸膏 5 g、干酪素 15 g、葡萄糖 5 g、α-胱氨酸 0.8 g、甘露醇 0.3 g、琼脂 15 g,加蒸馏水至 1 000 mL,将 pH 调至 7～7.2。

2. 操作步骤
(1)将待灭菌培养基分装于三角瓶内,置于流动蒸汽灭菌器内,无压力下,温度 100℃,灭菌 30 min。
(2)取出灭菌后培养基,置于生化恒温培养箱内,28℃～30℃恒温培养 24 h,使灭菌时没杀死的芽孢,经培养萌发为营养体。
(3)将培养后的培养基再次置于灭菌器内,100℃,灭菌 30 min。
(4)置于生化恒温培养箱内培养,往复 3 次。

六、思考题

间歇式灭菌应注意什么?

实验 1-18 过滤除菌

过滤除菌适用于不能用热力灭菌的培养基或其他溶液,如抗生素、维生素、血清、疫苗等。

一、实验目的

(1)学会过滤除菌器的装置过程。
(2)掌握过滤除菌技术。

二、实验原理

过滤除菌是将液体通过某种微孔材料,使微生物与液体分离。在细菌过滤器中,过滤板常用玻璃、陶瓷、硅藻土或石棉等材料制成,孔眼很小,细菌不能通过。液体通过过滤板后,其中的细菌被除去。在进行过滤除菌前,细菌过滤器和接纳液体的器皿,都必须进行加压蒸汽灭菌,以防杂菌污染。

玻璃滤器的滤板由玻璃粉热压而成,具有微孔。过滤除菌常用的玻璃滤器型号为 G5 和 G6。

石棉板滤器又称蔡氏滤器,是一种常用的细菌过滤器,使用混合纤维树脂微孔滤膜,孔径有 $0.2~\mu m$ 和 $0.45~\mu m$ 等不同规格。一般认为 $0.2~\mu m$ 孔径滤膜可阻留去除大部分细菌。如果灭菌要求不高,$0.45~\mu m$ 的滤膜也可将细菌计数减少至每毫升少于 10 个甚至为 0 个。蔡氏滤器由一块石棉制成的圆形滤板和一个特制的漏斗组成(图 1-28、图 1-29)。漏斗分上、下两节,上节为截面为圆形的金属筒,下节为金属漏斗,两节之间由3个活动

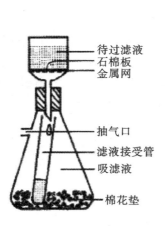

图 1-28 蔡氏滤器

待过滤液
石棉板
金属网
抽气口
滤液接受管
吸滤液
棉花垫

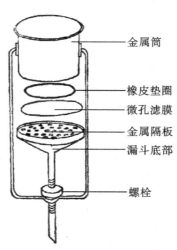

图 1-29 蔡氏滤器结构示意图

金属筒
橡皮垫圈
微孔滤膜
金属隔板
漏斗底部
螺栓

螺旋固定,便于装卸。使用时拆开上、下两节,滤板放在漏斗的金属筛板上,再加上节,然后拧紧螺旋,将待滤溶液置于滤器中抽滤。每次过滤必须用一张无菌滤板。石棉板滤器因容积大小不同而有各种型号,石棉板也有不同规格,使用时必须根据需要适当搭配。

三、实验仪器

实验器材包括生化恒温培养箱、真空泵、过滤器、1 000 mL 烧杯、1 000 mL 三角瓶、量筒等。

四、实验试剂

实验试剂包括抗生素、血清、疫苗。

五、实验操作步骤

(1)在组装使用前,滤器、接液瓶、垫圈分别用纸包好,滤膜可放在平皿内用纸包好,经高压(121℃)灭菌 30 min,待用。

(2)在无菌室内,将过滤装置按图 1-30 组装。

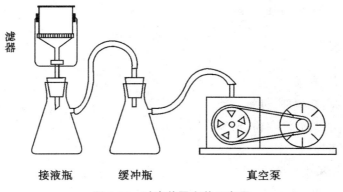

图 1-30 过滤装置安装示意图

(3)用灭菌的无齿镊子安放滤膜,滤膜的粗糙面向上,平滑面粘在隔板上。
(4)将待除菌液体注入滤器内,开动真空泵,除菌过程开始。
(5)将滤液置于生化恒温培养箱内,23℃培养 48 h。若无菌生长,即可使用。

六、思考题

过滤除菌的优、缺点分别是什么?

实验 1-19　化学灭菌与消毒

一、实验目的

(1)掌握实验室常用化学试剂的配制方法。
(2)了解化学试剂的用途、适用范围,学会用法。

二、实验原理

当带电荷的细菌同化学物质结合时,细菌蛋白质会发生变性,或发生沉淀,导致细菌失去生理活性而死亡。

三、常用仪器

(1)烧杯:500 mL、1 000 mL。
(2)量筒:50 mL、100 mL、1 000 mL。
(3)移液管:1 mL、2 mL、5 mL。

四、实验试剂

(1)重金属类:升汞、红汞。
(2)氧化剂:高锰酸钾、过氧乙酸。
(3)卤素及卤代物:漂白粉、碘酒。
(4)醇类:乙醇。
(5)醛类:甲醛、戊二醛。
(6)酚类:石炭酸、来苏水。
(7)表面活性剂:新洁而灭。
(8)烷化物:环氧乙烷。
(9)染料:结晶紫、番红等。
(10)酸类:乳酸、食醋。
(11)碱类:石灰水。
常用的化学消毒灭菌药剂见表 1-15。

表 1-15 常用的化学消毒灭菌药剂一览表

类别	名称	作用机理	主要性状	用量	用法用途
酸类	乳酸	与细胞原生质结合		80%酸:1 mL/m³	熏蒸消毒空气,可以预防流感
	食醋			3~5 mL/m³	
碱类	石灰水	破坏酶的活性		3%~5%水溶液	地面、水面消毒
重金属盐类	红汞	与带负电的细菌蛋白质结合,使之变性或发生沉淀,并能使酶蛋白的硫基失活	抑菌力强,无刺激性	2%水溶液	皮肤黏膜、小创伤消毒
	升汞		杀菌作用强,腐蚀金属	0.05%~0.1%	非金属器皿消毒
氧化剂	高锰酸钾	使菌体酶蛋白中的硫基氧化为二硫基而失去酶活性	强氧化剂,稳定	0.1%~3%	皮肤消毒,蔬菜、水果消毒
	过氧乙酸		20%市售品无爆炸危险,性质不稳定,原液对皮肤、金属有强烈腐蚀性	0.2%~0.5%	塑料、玻璃、人造纤维消毒、皮肤消毒
卤素及卤代物	漂白粉	氯与蛋白质中的氨基结合,使菌体蛋白质氯化,代谢机能发生障碍	白色粉末,有效氯易挥发,有氯味,腐蚀金属、棉织品,刺激皮肤,易潮解	乳状液:10%~20%;澄清液:乳状液静置24 h后的上清液	乳状液:地面、厕所、排泄物消毒;澄清液:空气、物品表面喷雾(0.5%~1%)
	碘酒		刺激皮肤,不能与红汞同时用	2.5%	皮肤消毒
醇类	乙醇	使菌体蛋白质变性	消毒力不强,对芽孢无效	70%~75%	皮肤、物品表面消毒
醛类	甲醛	使菌体蛋白质变性	挥发慢,刺激性强	10%	浸泡:物品表面消毒;熏蒸:2~6 mL/m³直接加热或氧化,密闭房间中蒸6~24 h
	戊二醛		挥发慢,刺激性弱,碱性溶液杀菌作用强	2%水溶液以0.3%碳酸氢钠溶液调pH至7.5~8.5	消毒不能用热力灭菌的物品,如精密仪器

（续表）

类别	名称	作用机理	主要性状	用量	用法用途
酚类	石炭酸	低浓度破坏细胞膜，使胞浆内容物漏出；高浓度使蛋白质凝固。此外，也有抑制细菌某些酶系统的作用	杀菌性强，有特殊气味	3％～5％；1％～2％	3％～5％：地面、家具、器皿表面消毒；1％～2％：皮肤消毒
	来苏水				
表面活性剂	新洁而灭（季铵盐）	吸附于细菌表面，改变胞壁通透性，使菌体内的酶、辅酶和代谢中间产物逸出	易溶于水，刺激性弱，稳定，对芽孢无效	0.05％～0.1％	洗手及皮肤黏膜消毒，浸泡器械
烷化物	环氧乙烷	环氧乙烷的乙羟基取代许多反应基团中的氢原子而使代谢反应关键基团受损	常温下为无色气体，沸点 104℃，易燃、易爆，有毒	每 1 000 mL 密闭塑料袋装 500 mg	手术器械、敷料、滤膜等消毒灭菌
染料	结晶紫		溶于酒精，有抑菌作用	2％～4％水溶液	浅表创伤消毒

五、实验操作步骤

使用甲醛溶液作为熏蒸剂时，至少要提前 24 h 进行。熏蒸后保持熏蒸空间密闭 12 h。

1. 加热熏蒸

按熏蒸空间计算，取一定量的甲醛溶液，盛在小铁桶内，用铁架支好，铁架下设一酒精灯。将待熏物品摆好，点燃酒精灯，甲醛溶液煮沸蒸发，关闭房门。

2. 氧化熏蒸

按甲醛液量的一半称取高锰酸钾，放于瓷碗或玻璃容器内；再取一定量的甲醛溶液，倒入盛有高锰酸钾的器皿内，立即关门。

高锰酸钾是一种强氧化剂，氧化作用产生的热使甲醛挥发。

3. 熏蒸后处理

当甲醛处理后，取与甲醛等量的氨水，放入室内，以减弱甲醛溶液熏蒸对人体器官的强烈刺激作用。

六、思考题

分别论述采用实验 1-15 至实验 1-19 中 5 种灭菌的方法的具体条件,并比较说明每种方法的处理效果。

实验 1-20　紫外线灭菌

一、实验目的

(1)通过实验过程,了解紫外线灭菌法。
(2)掌握紫外线使用技术。

二、实验原理

紫外线灭菌是使用紫外线灯管进行的。波长在 220~300 nm 的紫外线被称为紫外线的"杀生命区",其中以 260 nm 的紫外线杀菌力最强。该波长紫外线作用于细胞 DNA,使 DNA 链上相邻的嘧啶碱形成嘧啶二聚体,从而抑制 DNA 复制。另外,空气在紫外线照射下可以产生臭氧,臭氧也有一定的杀菌作用。

三、实验仪器

实验仪器包括紫外线灯、净化工作台(图 1-31)、玻璃器皿、平皿。

四、实验试剂

实验试剂包括牛肉膏、蛋白胨、琼脂、氯化钠、NaOH、HCl。

图 1-31　紫外线灯、净化工作台

五、实验操作

1. 培养基的制备

营养琼脂培养基配制如下:牛肉膏 1 g、蛋白胨 5 g、琼脂 18 g、氯化钠 1.8 g,加蒸馏水定容至 1 000 mL。

将上述营养成分加热溶解,调整 pH 为 7~8,分装于三角瓶中,置高压灭菌器内 120℃灭菌 30 min,待用。

2. 操作步骤

(1)将悬挂或立地式紫外线灯打开 2 h,将净化工作台打开 2 h 灭菌。
(2)将培养基倒入平皿内(在净化工作台内操作),待冷却凝固。

（3）将凝固的平皿按距紫外线灯 0.5 m、0.8 m、1 m、1.2 m、1.5 m、1.8 m、2 m 的距离摆放，同时打开皿盖。裸露 10 min 后，盖上盖同时收起，置于生化恒温培养箱内 28℃培养 48 h。

（4）记录：与紫外线灯距离、细菌菌落数、紫外线灯功率。

（5）根据测定结果，找出紫外线灯灭菌最好效果的最佳因素。

六、思考题

紫外线灯灭菌时应注意什么？

实验 1-21　细菌纯种分离、培养——浇注平板法

一、实验目的

（1）通过实验掌握从各种环境（土壤、水体、活性污泥、垃圾、堆肥）中分离、稀释、浇注平板接种、培养微生物的方法。

（2）掌握稀释水样的方法。

（3）通过实验学会得到单一菌落的纯化分离方法。

二、实验原理

自然界中各种微生物混杂并存。我们在研究某种微生物时，必须先将它从混杂微生物中分离出来。稀释水样是为了降低水样中混杂生存的微生物浓度以便于分离。该实验的基本原理在于高度分散混菌，使单个微生物细胞在固体培养基上生长而形成单个菌落。

三、实验器材

（1）高压蒸汽灭菌器、生化恒温培养箱。

（2）玻璃器皿：250 mL 三角瓶、16 cm 试管、500 mL 烧杯、移液管（1 mL、10 mL）、培养皿、玻璃棒等。

（3）废水、活性污泥、土壤悬液、湖水或河水 1 瓶。

（4）试剂：牛肉膏、蛋白胨、氯化钠、氢氧化钠、琼脂、pH 试纸、蒸馏水（或无菌水）等。

（5）其他：天平、药匙、纱布、脱脂棉、牛皮纸、橡皮筋、酒精灯等。

四、实验步骤

1. 牛肉膏蛋白胨培养基的制备

用天平分别称量牛肉膏 0.75 g、蛋白胨 2.5 g、氯化钠 1.25 g、琼脂 2.5～5 g，取蒸馏水 250 mL（有时也可用自来水），依次加入烧杯中，混合后在电炉上加热，不断搅拌以免糊

底,直至完全溶解。过滤去除沉淀,加水补足因加热蒸发的水量,倒入三角烧瓶中。120℃灭菌15~30 min,待用。

2. 稀释水样

先用镊子取出一块酒精棉球擦手、镊子以及工作台,点燃酒精灯。

将一瓶90 mL和数管(管数据实验数据而定,本次实验设5管)9 mL的无菌水排列好,按10^{-1}、10^{-2}、10^{-3}、10^{-4}、10^{-5}、10^{-6}依次编号。在无菌条件下,用10 mL的无菌移液管吸取10 mL水样或活性污泥(或其他样品10 g)置于第一瓶90 mL无菌水(内含玻璃珠)中,用移液管吹洗3次,手摇10 min(或用混合器)将颗粒状样品打散,即为10^{-1}浓度的混合液。用1 mL无菌移液管吸取1 mL的10^{-1}浓度的菌液于一管9 mL无菌水中,用移液管吹洗3次,摇匀后即为10^{-2}浓度的菌液。同法依次稀释到10^{-6}。稀释过程如图1-32所示。

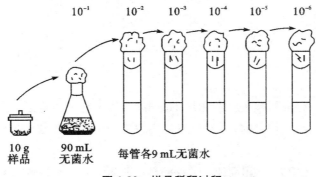

图1-32　样品稀释过程

3. 制作平板

(1)培养皿编号:取已灭菌的培养皿10套分别编号,10^{-4}、10^{-5}、10^{-6}稀释度的菌液各3套,空气对照1套。

(2)加水样:取1支1 mL无菌移液管从稀释度小的10^{-6}菌液开始,以10^{-6}、10^{-5}、10^{-4}稀释度为序,分别吸取1 mL(或0.5 mL)菌液于相应编号的培养皿内(注:每次吸取前,用移液管在菌液中吹吸使菌液充分混匀)。也可以直接用微量移液枪移取菌液,每移一次换一个枪头。移取液体前,用70%乙醇对进入试管的枪体进行擦拭消毒。

(3)倒平板、接种:在酒精火焰附近将已灭菌且冷却至45℃左右的培养基倒入培养皿,10~15 mL/皿,培养基约占皿高的1/3~1/2。具体倒法:右手拿装有培养基的锥形瓶,左手拿培养皿(图1-33 A),以中指、无名指和小指托住皿底,拇指和食指将皿盖掀开,倒入培养基后将培养皿平放在桌上,顺时针和逆时针来回转动培养皿,使培养基和菌液充分混匀,冷凝后即成平板。将试管内培养基倒入培养皿制作平板可按图1-33 B操作。

(4)培养:倒置于37℃恒温箱内培养24~48小时,观察结果。

(5)对照样品倒平板、接种:取"对照"的无菌培养皿,倒平板。待培养基凝固后,打开皿盖 10 分钟后重新盖上,倒置于 37℃恒温培养箱培养 24～48 小时,观察结果。

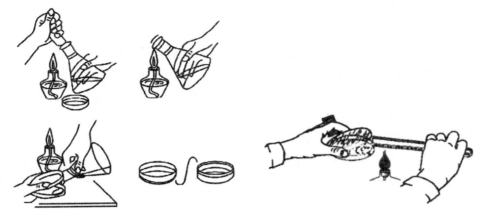

A. 从锥形瓶倒入培养皿;B. 从试管倒入培养皿

图 1-33　倒平板示意图

五、思考题

(1)用一根无菌移液管接种几种浓度的水样时,应先从哪个浓度开始? 说明原因。

(2)用平板分离纯化菌种时,为何要反复挑取单个菌落置于斜面培养基上培养?

实验 1-22　细菌纯种分离、培养——划线平板法

一、实验目的

掌握划线平板分离技术。

二、实验原理

平板划线法应用最为普遍,因为平板划线可以将斜面培养的菌落或将废水、活性污泥、湖水、河水等水样进一步纯化。据平板划线得到的菌落可以观察是否有不同形态的菌落,判断细菌的纯化程度。

三、实验器材

(1)高压蒸汽灭菌器、生化恒温培养箱。

(2)玻璃器皿:250 mL 三角瓶、16 cm 试管、500 mL 烧杯、移液管(1 mL、10 mL)、培养皿、玻璃棒等。

(3)斜面培养基培养的菌种或废水、活性污泥、土壤悬液、湖水或河水 1 瓶。

（4）试剂：牛肉膏、蛋白胨、氯化钠、氢氧化钠、琼脂、pH 试纸、蒸馏水（或无菌水）等。

（5）其他：接种针（环）、天平、药匙、纱布、脱脂棉、牛皮纸、橡皮筋、酒精灯等。

四、实验步骤

1. 牛肉膏蛋白胨培养基的制备

用天平分别称量：牛肉膏 0.75 g、蛋白胨 2.5 g、氯化钠 1.25 g、琼脂 2.5～5 g、蒸馏水 250 mL（有时也可用自来水），依次加入烧杯中，混合后在电炉上加热，不断搅拌以免糊底，直至完全溶解。过滤去除沉淀，加水补足因加热蒸发的水量，用氢氧化钠或盐酸调 pH 至 7～8，倒入三角烧瓶中。120℃灭菌 15～30 min，待用。

2. 制作平板

将已灭菌冷却至 45℃左右的培养基倒入培养皿至皿高的 1/3（在无菌工作台内或无菌室内操作），凝固成平板。

3. 划线

（1）用酒精将接种针（环）灭菌。

（2）用接种针从斜面上或挑取少量生长的菌种；或用接种环挑取一环活性污泥（或废水、土壤悬液、湖水等其他样品）。

（3）左手拿培养皿，中指、无名指和小指手托住皿底，拇指和食指夹住皿盖，将培养皿稍倾斜，左手拇指和食指将皿盖掀半开，右手持接种针（环）伸入培养皿内，在平板上轻轻划线（切勿破坏培养基，又能充分分散细胞以获得单菌落），划线的方式可取图 1-34 中任何一种，划线完毕盖好皿盖。

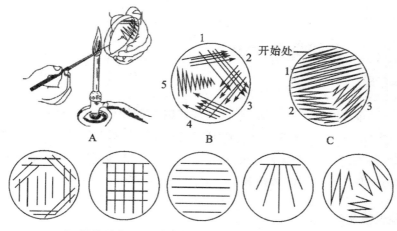

A. 操作示意；B. 平板分区；5 区法；C. 平板分区 3 区法

图 1-34　平板划线法示意图

（4）倒置 37℃恒温箱培养 24～48 h。

（5）观察结果。

（6）培养后获得单菌落，可再将单菌落转移至斜面上（图1-35）。

（7）如此反复3～4次获得纯化菌株，此菌株可进行细菌种属鉴定。

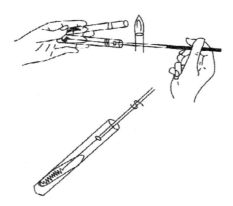

图1-35　斜面接种示意图

五、思考题

（1）为什么要将培养基冷至45℃左右再倒平板？

（2）试述细菌划线法的优缺点。

实验1-23　细菌纯种分离、培养——平板表面涂布法

一、实验目的

通过实验掌握平板表面涂布分离技术。

二、实验原理

平板表面涂布法同浇注平板法、平板划线法的实验原理类似，把混杂在一起的微生物高度分散在培养基表面，使单个微生物细胞在固体培养基上生长而形成单个菌落。不过，该法加样量不宜过多，只能0.5 mL以下，一般0.2 mL为宜。培养起初不能倒置，正放一段时间待水分蒸发后再倒置培养。

三、实验仪器和材料

（1）高压蒸汽灭菌器、生化恒温培养箱。

（2）玻璃器皿：250 mL三角瓶、16 cm试管、500 mL烧杯、移液管（1 mL、10 mL）、培养皿、玻璃棒等。

（3）斜面培养基培养的菌种或废水、活性污泥、土壤悬液、湖水或河水1瓶。

(4)试剂:牛肉膏、蛋白胨、氯化钠、氢氧化钠、琼脂、pH 试纸、蒸馏水(或无菌水)等。

(5)其他:三角刮刀或刮刀、天平、药匙、纱布、脱脂棉、牛皮纸、橡皮筋、酒精灯等。

四、实验步骤

1. 稀释样品

样品稀释参考浇注平板法中水样稀释方法。

2. 牛肉膏蛋白胨培养基的制备

用天平分别称量:牛肉膏 0.75 g、蛋白胨 2.5 g、氯化钠 1.25 g、琼脂 2.5~5 g、蒸馏水 250 mL(有时也可用自来水),依次加入烧杯中,混合后在电炉上加热,不断搅拌以免糊底,直至完全溶解。过滤去除沉淀,加水补足因加热蒸发的水量,用氢氧化钠溶液或盐酸调 pH 至 7~8,倒入三角烧瓶中。120℃灭菌 15~30 min,待用。

3. 制作平板

将已灭菌冷却至 45℃左右的培养基倒入培养皿至皿高的 1/3(在无菌工作台内或无菌室内操作),凝固成平板。

4. 涂布

(1)用无菌移液管吸取适量已稀释的样品于平板上。

(2)再用无菌三角刮刀在平板上轻轻涂抹均匀(图 1-36)。注意:涂抹时切勿弄破平板,影响菌落生长;在酒精灯火焰附近操作。

5. 培养

先在 37℃恒温箱正置培养,待水分蒸发后倒置培养;若培养时间较长,次日把培养皿倒置继续培养,培养时间总长 24~48 h。

6. 观察结果

培养结束后观察、分析菌落情况。

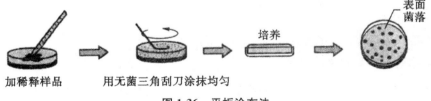

图 1-36 平板涂布法

五、思考题

(1)为什么要先正置后倒置培养?

(2)试比较平板表面涂布法与浇注平板法、平板划线法接种方式、菌落分布的不同。

实验 1-24　细菌纯种分离、培养——试管斜面接种法

一、实验目的

通过实验掌握斜面接种培养技术。

二、实验原理

试管斜面接种法是将长在斜面培养基、平板培养基或液体培养基上的微生物接种到斜面培养基上的方法。该法能减少试管被其他微生物污染的概率。在微生物实验过程中，最重要的一点是实验必须在无菌的情况下进行，尽量减少试管的污染机会。细菌的试管斜面接种最适合在菌种转移及菌种纯化中使用。

三、实验仪器和材料

(1)高压蒸汽灭菌器、生化恒温培养箱、净化工作台。

(2)玻璃器皿：三角瓶、试管、烧杯、移液管(1 mL、10 mL)、培养皿、玻璃棒等。

(3)带菌种的斜面培养基试管或带菌种的平面培养基或废水、活性污泥、土壤悬液、湖水或河水 1 瓶。

(4)试剂：牛肉膏、蛋白胨、氯化钠、氢氧化钠、盐酸、琼脂、pH 试纸、蒸馏水(或无菌水)等。

(5)其他：接种环、天平、药匙、纱布、脱脂棉、牛皮纸、橡皮筋、酒精灯等。

四、实验步骤

1. 稀释样品

样品稀释参考浇注平板法中水样稀释方法。

2. 牛肉膏蛋白胨培养基的制备

用天平分别称量：牛肉膏 0.75 g、蛋白胨 2.5 g、氯化钠 1.25 g、琼脂 2.5～5 g、蒸馏水 250 mL(有时也可用自来水)，依次加入烧杯中，混合后在电炉上加热，不断搅拌以免糊底，直至完全溶解。过滤去除沉淀，加水补足因加热蒸发的水量，用氢氧化钠溶液(或盐酸)调 pH 至 7～8，倒入三角烧瓶中。120℃灭菌 15～30 min，待用。

3. 斜面的制作

将已灭菌冷却至 50℃～60℃的培养基倒入试管，将试管摆放成一定的斜度，斜面高度不超过试管总高度的 1/2(图 1-37)。摆放时不可使培养基污染棉塞，冷凝过程中请勿再移动试管。待斜面完全凝固后，待用。

4. 斜面接种培养

（1）创造无菌区域。点燃酒精灯，在火焰附近形成无菌区。

（2）手握试管。左手夹住菌种管及待接种的斜面培养基试管。

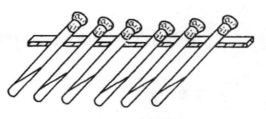

图 1-37 斜面的摆放

（3）准备接种。用右手小指与无名指相夹或用右手小指和无名指与手掌相夹拔出棉塞，并将试管口在火焰上来回移动 2～3 次，在火焰附近以 45℃ 角斜握于左手中，斜面向上（图 1-38）。

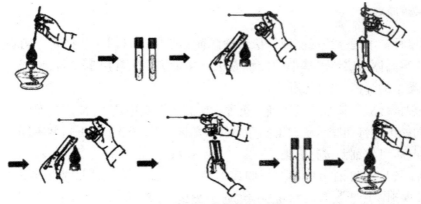

图 1-38 斜面接种示意图

（4）接种环灭菌。用右手将接种环在火焰上灼烧至环及以上金属部分烧红。接种环在每次使用前、后，都要在酒精灯火焰上灼烧灭菌。

（5）接种。将烧过的接种环伸入菌种管内，使接种环轻触管壁无菌处，待接种环冷却后挑取少量菌种，立即转至待接种管中，自斜面底端向上轻轻划 Z 形曲线或波浪线至斜面顶端。注意接种划线时切勿划破培养基，以免影响培养菌种。

（6）培养。抽出接种环，已接种试管口通过火焰，塞上棉塞，送恒温生化培养箱 37℃ 培养 24～48 h。火焰上灼烧接种环灭菌后放回原处。注意接种环进出试管过程中勿触碰管壁、管口或管外物品。

（7）观察、记录、分析结果。

五、思考题

（1）斜面接种需注意哪些问题？

（2）简述试管斜面接种的优缺点。

实验 1-25　细菌纯种分离、培养——穿刺接种培养法

一、实验目的

(1)学会穿刺接种培养技术。

(2)学会观察分析细菌的运动状态、呼吸类型。

(3)学会一种细菌的分类鉴定实验方法。

二、实验原理

穿刺接种技术是一种用接种针从菌种斜面上跳取少量菌体并把它穿刺到明胶培养基、固体或半固体深层培养基中的接种方法。穿刺接种法常用于细菌运动能力的检查、细菌呼吸类型的分析、菌种保藏等。

用穿刺接种法将某些种类的细菌接种在明胶培养基中培养,能产生明胶水解酶水解明胶,不同的细菌将明胶水解成不同形态的溶菌区(图 1-39)。依据这些不同形态的溶菌区或溶菌与否可将细菌进行分类。

用穿刺接技术将细菌接种在半固体培养基中培养,细菌可呈现各种生长状态(图1-40)。根据细菌的生长状态判断细菌的呼吸类型、有无鞭毛,能否运动。

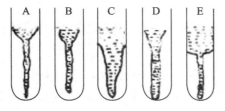
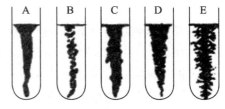

A. 火山口状;B. 芜菁状;C. 漏斗状　　　　A. 丝状;B. 念珠状;C. 乳头状

　D. 囊状;E. 层状　　　　　　　　　　　　　D. 绒毛状;E. 树状

图 1-39　细菌在明胶穿刺培养基中的生长状态　　**图 1-40　细菌在半固体培养基中的生长特征**

细菌呼吸类型判断:在培养基表面生长的细菌为好氧菌;在穿刺线上部生长的细菌为好氧和微量好氧菌;沿整条穿刺线生长的细菌为兼性厌氧菌或兼性好氧菌;在穿刺线下部生长的细菌为厌氧菌。

运动状态判断:只能在穿刺线上生长的细菌无鞭毛、不能运动;不但沿穿刺线生长而且在穿刺线的周围扩散生长的细菌有鞭毛、能运动。

三、实验仪器和材料

(1)高压蒸汽灭菌器、生化恒温培养箱。

(2)玻璃器皿：250 mL 三角瓶、16 cm 试管、500 mL 烧杯、玻璃棒等。

(3)斜面培养基培养的菌种。

(4)试剂：牛肉膏、蛋白胨、氯化钠、氢氧化钠、琼脂、pH 试纸、蒸馏水(或无菌水)等。

(5)其他：接种针、天平、药匙、纱布、脱脂棉、牛皮纸、橡皮筋、酒精灯、试管架等。

四、实验步骤

(1)手持试管。

(2)旋松棉塞(试管盖)。

(3)右手拿接种针在火焰上将针端灼烧灭菌，然后把在穿刺中可能伸入试管的其他部位也灼烧灭菌。

(4)用右手的小指、无名指和手掌边拔出棉塞(试管盖)。接种针先在培养基部分冷却，再用接种针针尖蘸取少量菌种。

(5)接种有两种手持操作法。一种是水平法，类似于斜面接种法；另一种称为垂直法。尽管穿刺时手持方法不同，但穿刺时所用接种针都必须挺直，将接种针自培养基中心垂直地刺入培养基中。穿刺时要做到手稳，动作轻巧快速，并要将接种针穿刺到接近试管底部，然后沿着接种线将针拔出。之后插回棉塞(试管盖)。最后将接种针在火焰上灼烧灭菌(图 1-41)。

(6)将接种过的试管直立于试管架上，置于 37℃生化恒温培养箱中培养 24～48 h。

(7)观察结果。

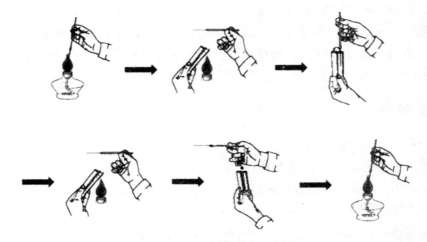

图 1-41 穿刺接种技术示意图

五、思考题

如何判断细菌的呼吸类型和运动能力？

实验 1-26　　细菌纯种分离、培养——厌氧菌的接种培养

一、实验目的

(1)学会厌氧菌的接种、分离、培养技术。

(2)学会厌氧菌的保藏技术。

二、实验原理

产甲烷菌是典型的厌氧菌。厌氧菌的分离培养技术,一是富集培养,二是采用亨盖特(Hungate)技术进行纯培养的分离。将接种物置于装有培养基的 200 mL 培养瓶中,在旋转摇床上边振动边通入氢气与二氧化碳的混合气体[V(氢气):V(二氧化碳)=80:20],培养一定时间后可直接划线培养或稀释后在琼脂滚筒内划线。

三、实验仪器

实验仪器包括高压蒸汽灭菌器、摇床、净化工作台、充气机、各种玻璃器皿、试管、圆底烧瓶、注射器等。

四、实验试剂

实验试剂包括葡萄糖、牛肉膏、蛋白胨、半胱氨酸、氯化钠、刃天青、乳酸钠、酵母膏、氯化铵、氯化镁、磷酸二氢钾、磷酸氢二钾、甲醇、四水合氯化铁、六水合氯化钴、氯化锌、氯化钙、七水合硫酸镁、硼酸、钼酸钠、硫酸铝钾、四水合氯化锰、琥珀酸钠、硫酸铵、氯化铁。

五、实验操作

1. 采样方法

(1)采用生态分布采样法,取样深度、体积要基本一致,尽量减少差异。

(2)如在不同地点采集污泥沉积物,则应除去地表面的泥层,将底层呈现乌黑色的沉积物,放入带塞的无菌广口瓶中。

(3)采集废水处理流出样,待流出样处于稳定状态时即可采样。

(4)无论采集哪一种样品,采样后都应该即时封闭瓶口迅速带回实验室接种,尽量减少样品与空气的接触。

2. 培养基的配制

(1)培养基配方如下:葡萄糖 0.5 g、磷酸二氢钾 0.4 g、蛋白胨 1 g、硫酸铵 0.5 g、酵母膏 1 g、氯化铁 0.01 g、氯化钙 0.1 g、七水合硫酸镁 0.05 g、氯化镁 0.1 g、原污水 250 mL、

蒸馏水 750 mL、琼脂 15 g,调整 pH 为 7.2～7.4,121℃、高压蒸汽灭菌 30 min。

(2)培养基配制方法:取一 500 mL 圆底烧瓶,内装 200 mL 水,按比例加入培养基成分。将 18 号针头弯曲,针尖锉平,制成一个打气探针。取一个 5 mL 注射器,取下活塞针,筒内用棉花填充,将针头和注射器连接在一起,灭菌处理。灭菌后用胶管连接,输入 V(氢气):V(二氧化碳)=80:20 的混合气体。气体注入前先通过 350℃灼热铜柱,以便除去气体中的微量氧气。培养基制备流程见图 1-42 所示。

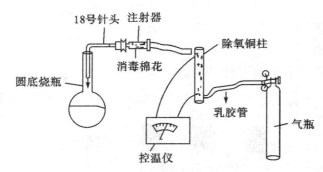

图 1-42 培养基制备流程图

处理的混合气体通入烧瓶,排出空气。当培养基完全还原时,方可移入试管。

将培养基移入试管的方法:移入吸管必须先用培养基上面的气体冲洗,填充,然后插入培养基的底部。这样,培养基移入试管时就处于无氧气体层的下面。将另一针头置于直立试管内不断进气,使培养基在移入时仍处于无氧状态。这样一边进气,一边用吸管移入培养基。在灭菌时试管口的橡皮塞必须夹紧或用线绕好。

3. 接种技术及操作步骤

滚管技术即亨盖特(Hungate)分离技术,如图 1-43 所示。

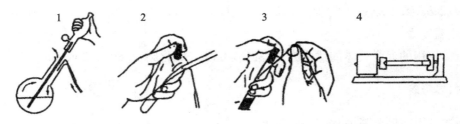

图 1-43 培养严格厌氧细菌的亨盖特分离技术示意图

(1)将带有培养基的试管在水龙头下的冷水中不断转动,冷却成为固体培养基。

(2)琼脂围绕管壁完全凝固后(有少量水分集中在底部),可放置贮存待用。

(3)滚管灭菌时,橡皮塞要在火焰上灼烧片刻,再捏住塞子的末端转动瓶口。取下瓶塞之前针筒打气探针要对着喷灯火焰。

（4）当喷出气流对准火焰，气流使火炮形状处于稳定状态时，探针针头迅速通过火焰灭菌。

（5）皮塞取下时，将灭菌的打气探针迅速插入管内。

（6）用同步电动机带动试管划线器，60 r/min。

（7）当试管在同步电动机上旋转时，接种环上的接种物一定要越过打气针伸到管底。

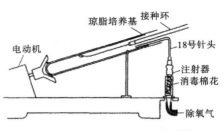

图 1-44　亨盖特分离技术的滚管划线装置

（8）接种针轻轻靠近琼脂表面，沿着同一方向轻轻划动（图 1-44）。此操作完成以后捏住棉皮塞的一端在火焰上灼烧一下，挨着打气针塞住管口，迅速拔下针头（操作应在无菌室进行，见图 1-45），旋紧管塞。

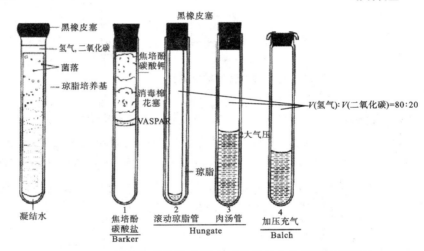

图 1-45　划线接种培养后，在管壁培养基上菌落的生长情况

（9）划线后的试管，直立保温，置于生化恒温箱内，37℃塔养 48～72 h；若要长期保藏，保藏温度为－70℃。

（10）使用的混合气体的比例为 V（氢气）：V（二氧化碳）＝80：20 或 10：80。

六、思考题

阐述产甲烷菌分离纯化的一般步骤。

实验 1-27　纯培养菌种的菌体、菌落形态的观察

一、实验目的

（1）观察前面纯种培养、分离出来的细菌的个体形态及相应的菌落形态特征。

（2）通过革兰氏染色进一步巩固染色技术。

（3）通过观察和比较细菌、放线菌、酵母菌和霉菌的个体形态及其菌落特征，学会初步鉴别几种微生物的能力。

（4）学会绘制菌落形态图。

二、实验器材

1. 主要仪器、器皿

实验所需主要仪器、器皿有恒温培养箱、显微镜、煤气灯（或酒精灯）、载玻片和接种环等。

2. 实验材料

（1）革兰氏染色液一套：草酸铵结晶紫、革兰氏碘液、体积分数为95%的乙醇、番红染液等。

（2）四大类菌落（培养皿）：前面几个实验培养分离出的各种细菌。另外实验室配给放线菌、酵母菌及霉菌等各类菌落，四大类菌落的主要特征见表1-16。

表 1-16　四大类微生物的菌落特征表

主要特征	细菌	酵母菌	放线菌	霉菌
菌落主要特征	湿润或较湿润，少数干燥，小而突起或大而平坦	较湿润，大而突起，菌苔较厚	干燥或较干燥，小而紧密	干燥，大而疏松或大而紧密
菌落透明度	透明、半透明或不透明	稍透明	不透明	不透明
菌落与培养基结合程度	结合不紧	结合不紧	牢固结合	较牢固结合
菌落颜色	颜色多样	颜色单调，多为乳白色，少数红色	颜色多样	颜色多样，且鲜艳
菌落正反面颜色的差别	基本相同	基本相同	一般不同	一般不同

三、实验内容与方法

(一)菌落形态和个体形态观察

1. 菌落形态观察

由于微生物个体表面结构、分裂方式、运动能力、生理特性及产生色素的能力等各不相同，因而个体及它们的群体在固体培养基上生长状况各不一样。按照微生物在固体培养基上形成的菌落特征,可初步辨别是哪种类型微生物。观察时注意仔细留意菌落的形状、大小、表面结构、边缘结构、菌丛高度、颜色、透明度、气味、黏滞性、质地软硬、表面粗糙与光滑情况等综合情况,据此判断微生物的类型。

微生物个体形态和菌落形态的观察是菌种鉴定的非常重要的第一步。

(1)观察步骤如下:①将培养出的细菌菌落逐个辨认、编号,按号码顺序将各细菌的菌落特征记录下来;②用铅笔绘制菌落形态图。

(2)比较四大类微生物菌落特征:仔细观察、比较前面实验培养分离出的细菌和实验准备的放线菌、酵母菌和霉菌的菌落特征并详细描述及做好记录。

2. 个体形态特征观察

(1)制作涂片:通过无菌操作用接种环按号码顺序选择几种细菌的单菌落做涂片。

(2)进行革兰氏染色。

(3)观察微生物个体形态:镜检、观察,确定其革兰氏染色反应。由于只做了一次分离实验,得到的单菌落可能不太纯,镜检时会出现多种菌体形态。

(4)用铅笔绘制形态图。

(二)菌苔特征的观察

1. 接种

在无菌状态下,用接种环分别挑取平板上长出的各种单菌落,分别在斜面上由下而上呈 Z 形或直线划线,接种于各管斜面培养基,塞好棉塞。注意尽量选择独立的单菌落进行斜面接种,保证培养后得到纯斜面菌种。

2. 培养

将已接种的斜面培养基放于试管架上置于 37℃ 的恒温箱中,培养 24～48 h。

3. 观察

仔细观察斜面上菌苔特征,并做好详细记录。这些菌苔特征不仅在菌种鉴定上具有参考价值,也可用于检查菌株的纯度。

四、思考题

(1)请比较、描述分离培养出的菌落形态特征和个体形态特征。

(2)要使斜面的线条致密、清晰,接种时应注意哪些问题?

实验 1-28　大肠杆菌生长曲线的测定(比浊法)

一、实验目的

(1)了解细菌的生长规律及形成生长曲线的基本原理。

（2）掌握用比浊法测定细菌生长曲线的方法。

（3）巩固活菌计数方法。

二、基本原理

将少量的细菌接种在一个封闭的、盛有一定量液体培养基的容器内，保持一定的温度、pH 和溶解氧，细菌个体数量随时间推移而有所增减，呈现一定规律性：细菌数量先由少变多，达到高峰后再由多变少，最后死亡。以菌数的对数为纵坐标，生长时间为横坐标作图，得到细菌的生长曲线。生长曲线反映了微生物生长繁殖至衰老死亡整个生命周期的动态变化过程，可粗略地分为迟滞期、对数期、静止期和衰亡期 4 个阶段。

比浊法是用浊度计或比色计测定培养液中微生物的数量的方法。某一波长的光线，通过混浊的液体后，其光强度将被减弱。由于细菌悬液的浓度与混浊度成正比，可利用分光光度法测定菌悬液的光密度（OD）值来推知菌液的浓度。

三、实验仪器和材料

1. 菌种

实验所用菌种为培养 18～24 h 的大肠杆菌菌悬液。

2. 培养基

实验所用培养基为无菌营养肉汤管（每管 10 mL）。

3. 仪器及其他用具

实验所用仪器和其他用具有恒温振荡器、电冰箱、721 分光光度计、灭菌吸管（0.5 mL 或 1.0 mL）。

四、操作步骤

1. 编号

取 14 支无菌营养肉汤管，分别编号 0、1、2……13。

2. 接种

用无菌吸管吸取大肠杆菌悬液，接种到 1～13 号营养肉汤管中，每管 0.5 mL。注意无菌操作。0 号管不接种。

3. 培养

1 号管接种后即放冰箱内，其余各管斜放在恒温振荡器中，在 37℃、140 r/min 的条件下培养。每隔 30 min，顺序取出 2 号管、3 号管……13 号管，放入冰箱。

4. 测光密度值

以 0 号管样品作为空白对照，校正分光光度计的零点（波长 400～600 nm）。从浓度最小的菌悬液开始，依次测定不同培养时间菌悬液的光密度。若菌悬液太浓，应适当稀释。

5. 绘制生长曲线

以菌悬液光密度值为纵坐标,培养时间为横坐标,绘出大肠杆菌在本实验条件下的生长曲线,并标出不同生长时期的位置和名称。

五、实验数据

(1)记录各管测定的数据并列表(表 1-17)。

表 1-17　测定数据记录表

	培养时间/h												
	0	0.5	1.0	1.5	2.0	2.5	3.0	3.5	4.0	4.5	5.0	5.5	6.0
光密度值													

(2)绘制生长曲线。

六、思考题

(1)在实验过程中,哪些操作步骤容易造成较大的误差?

(2)用本实验测定微生物生长曲线,有何优点?

实验 1-29　大肠杆菌噬菌体的分离、纯化及效价测定

一、实验目的

(1)学习分离与纯化噬菌体的基本原理和方法。

(2)掌握噬菌体的特性,观察噬菌体的形态结构。

(3)熟悉双层琼脂法的操作技术。

(4)掌握噬菌体的效价测定方法。

二、实验原理

噬菌体是细菌病毒,营专性寄生生活。病毒的分离纯化只能利用病毒与其寄主的实验性感染。噬菌体在自然界中广泛存在,有宿主的地方,一般都能发现其噬菌体。

利用噬菌体对宿主细胞的专一性培养分离,利用烈性噬菌体使宿主裂解形成肉眼可见的噬菌斑计数。噬菌体的分离纯化常用双层琼脂法。在含有敏感菌株——宿主的平板上,一般一个噬菌体只产生一个噬菌斑,据噬菌斑的数量可以推算出单位容积(比如毫升)培养液中噬菌体的数量,这个量即噬菌体的效价。

本实验以从阴沟污水中分离大肠杆菌噬菌体为例。

三、实验仪器与材料

1. 仪器与器皿

实验所需仪器与器皿有离心机、分光光度计、显微镜、恒温培养箱、真空泵、恒温水浴箱、摇床、移液管、培养皿、抽滤瓶、三角刮刀、接种针、锥形瓶、蔡氏细菌滤器、试管等。

2. 菌种

用 4 mL 生理盐水将在 37℃、培养 18～24 h 的大肠杆菌斜面菌苔洗下,制成大肠杆菌悬液。

3. 培养基

(1)3 倍浓缩的肉膏蛋白胨液体培养基(50 毫升/瓶)。

(2)上层肉膏蛋白胨培养基:含琼脂 0.6%(6 g/L),用试管分装,每管 4 mL。

(3)下层肉膏蛋白胨培养基:含琼脂 1.5%～2.0%(15～20 g/L),倒平板,每皿约 10 mL。

4. 样品

实验所需样品为含大肠杆菌噬菌体的阴沟污水。

四、实验步骤

(一)噬菌体的分离

1. 噬菌体增殖

自大肠杆菌培养斜面用接种环接种 3 环菌于盛有 100 mL 三倍浓缩的肉膏蛋白胨液体培养基的锥形瓶内,再取 200 mL 污水及 2 mL 大肠杆菌菌悬液加入锥形瓶,于 37℃振荡培养 12～24 h。

2. 制备噬菌体裂解液

将上述培养液以 4 000 r/min 离心 15 min,上清液用蔡氏细菌滤器过滤除菌,以除去未被裂解的大肠杆菌及其他杂菌。滤液倒入另一无菌锥形瓶中。置 37℃培养过夜,以进行无菌检查。

3. 分离噬菌体,验证其存在

次日,上述滤液若无菌生长,可进行噬菌体存在实验。方法有试管法和琼脂平板法,本实验采用琼脂平板法。

(1)于底层肉膏琼脂平板上滴加大肠杆菌菌液一滴,用无菌三角刮刀涂匀成一薄层。

(2)待菌液干后滴加上述滤液 3～5 小滴分点布于平板上,注意每小滴量不能多,以免流淌。另设一只加菌液而不加滤液的平板做对照。

(3)将两平板倒置于 37℃培养过夜。

(4)若平板上加滤液处发现呈吞食状噬菌斑,那么滤液中有大肠杆菌噬菌体的存在。

(5)噬菌体增殖:将已证明有噬菌体存在的滤液接种于原已同时接种大肠杆菌的肉汤内。如此重复移种数次,即可使噬菌体增多。

(二)噬菌体的纯化

如上面分离出的噬菌体往往不纯,噬菌斑的形态、大小不一致,还需要进行噬菌体的纯化。

1. 滤液稀释

将含有大肠杆菌噬菌体的滤液用肉膏蛋白胨培养液按 10 倍稀释法依次稀释为 10^{-1}、10^{-2}、10^{-3}、10^{-4}、10^{-5} 5 个稀释度。

2. 倒下层平板

取 9 cm 直径的平皿 5 个,每皿约倒 10 mL 下层肉膏蛋白胨培养基,依次标明 10^{-1}、10^{-2}、10^{-3}、10^{-4}、10^{-5} 5 个稀释度。

3. 倒上层平板

取 5 支各装有 4 mL 上层琼脂培养基的试管,依次标明 10^{-1}、10^{-2}、10^{-3}、10^{-4}、10^{-5} 5 个稀释度,融化后置于 50℃左右的恒温水浴箱内保温。分别向每支试管加 0.1 mL 大肠杆菌菌液,再对号加入 0.1 mL 各稀释度的滤液,摇匀;之后对号倒入下层肉膏琼脂培养基平板上,摇匀铺平。

4. 培养

待上层肉膏蛋白胨培养基凝固后将平板倒置于 37℃恒温培养箱培养 18～24 h,然后可观察到形成的噬菌斑。分别记录下噬菌斑的数量。

5. 分离纯化

用接种针在出现单个噬菌斑的平板上刺几下,接种于含有大肠杆菌的肉膏培养液中,37℃培养 18～24 h,再按上述方法进行稀释(3～5 次),倒平板分离、纯化,直到平板上出现形态和大小一致的噬菌斑,表示已获得纯的大肠杆菌噬菌体。

五、实验报告

(1)描述分离得到的噬菌斑大小、形态等特征。

(2)记录下将平板上出现的噬菌斑数量(表 1-18)。

表 1-18　噬菌斑数量统计表

噬菌体稀释度	10^{-1}	10^{-2}	10^{-3}	10^{-4}	10^{-5}
平板上噬菌斑数目					

(3)计算噬菌体的效价:活噬菌体数(mL)=噬菌斑数×噬菌体稀释度×10。

六、思考题

(1)实验中得到的噬菌斑与细菌菌落有哪些不同?

(2)以同一敏感菌株为宿主分离得到的噬菌体往往有"不纯"现象,为什么?

实验 1-30　微生物菌种的简易保藏

通过选种育种获得的优良菌种,在生产和保藏过程中,还会不断地产生变异,甚至衰退。菌种保藏的任务就是在广泛收集具有优良特性的生产和科研菌种基础上,将它们妥善保管。菌种保藏后要求不死和不发生变异,菌种优良性状不衰退丧失。

常用的菌种简易保藏方法有斜面低温保藏法、半固体穿刺保藏法、液体石蜡封藏法、沙土管保藏法等。由于这些保藏方法不需要特殊实验设备,操作简便,为一般实验室广泛采用。在实际工作和生产中究竟用哪种方法保藏菌种,需要根据设备和菌种的具体情况决定。

一、实验目的

(1)学习了解几种常用的菌种简易的微生物菌种保藏的原理和方法。

(2)掌握几种常用的菌种简易保藏技术。

二、菌种保藏的原理

菌种保藏主要是根据微生物的生理、生化特点,人为地创造一种微环境,使微生物菌种的代谢活动处于最低水平和生长、繁殖受抑制的休眠状态。微生物菌种长期处在这种极端条件下,很少会发生变异,达到保持其纯而不死、不变异、不被杂菌污染、壮而不衰。菌种保藏须遵循的原则如下:①选用典型的纯培养物,最好采用休眠体(如细菌的芽孢、放线菌和真菌的孢子等)进行保藏。②营造有利于菌种休眠的环境;如低温、干燥、无氧、避光、缺乏营养以及添加保护剂或中和剂等,可进行较长时期的保藏。③尽量减少传代次数。

斜面低温保藏法(图 1-46)和半固体穿刺保藏法(图 1-47)是将在斜面或半固体培养基上长好的培养物置于4℃~5℃冰箱中保藏,并定期移植。这两种方法都是利用低温抑制微生物的生长繁殖,延长保藏时间。

液体石蜡封藏法(图 1-48)是在新鲜的斜面培养物上,覆盖一层已灭菌的液体石蜡,再置于4℃~5℃冰箱中保藏。液体石蜡主要起隔绝空气的作用,使培养物不与空气直接接触,降低对微生物的供氧量,阻碍需氧菌种生长。液体石蜡也起着减少培养基水分蒸发的作用。这种方法利用缺氧和低温抑制微生物生长繁殖,以延长保藏时间。

沙土管保藏法(图1-49):将待保藏的菌种接种于适当的斜面上,培养后制成孢子悬液;再通过无菌操作将孢子悬液滴入已灭菌的沙土管中,使孢子被吸附在沙子上;之后将沙土管置于真空干燥器中,抽真空吸干沙土管中水分,最后将干燥器置于4℃冰箱中保藏。此法是利用干燥、缺氧、缺营养和低温等因素综合抑制微生物生长繁殖,达到延长保藏时间的目的。

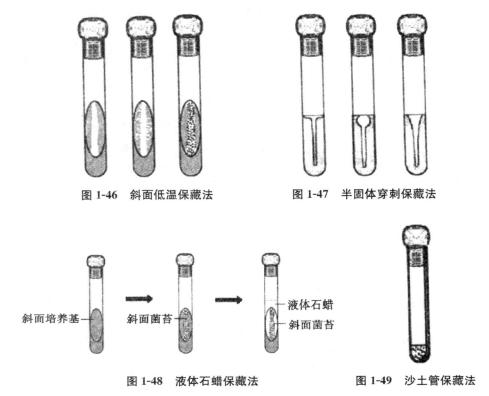

图1-46　斜面低温保藏法   图1-47　半固体穿刺保藏法

图1-48　液体石蜡保藏法   图1-49　沙土管保藏法

三、实验器材

(1)菌种:准备保藏的细菌、放线菌、酵母菌和霉菌。

(2)培养基:牛肉膏蛋白胨斜面培养基、牛肉膏蛋白胨半固体深层培养基、豆芽汁葡萄糖斜面培养基、高氏一号斜面培养基、LB(Luria broth)培养基。

(3)其他用品:接种环、接种针、无菌滴管、无菌液体石蜡、无菌甘油、五氧化二磷或无水氯化钙、黄土、河沙等。

四、实验步骤

(一)斜面低温保藏法

这是实验室最常用、最基本的一种菌种保藏方法,适用范围较广,主要用于保藏细菌、放线菌、酵母菌和霉菌。

1. 接种

将不同菌种划线接种在斜面培养基上。

2. 培养

在适宜的温度下培养,待菌种生长丰满(也有建议稍微生长即可)。若是生芽孢的细菌或生孢子的放线菌和霉菌,则要等到芽孢或孢子长成后再进行保存。

3. 保藏

将培养好的菌种置 4℃～5℃的冰箱中保藏。

4. 转接

不同菌种的有效保藏期不等,因而每隔一定时间,一般 3～6 个月,需重新移植到新鲜斜面培养基上适当培养后再保藏,如此连续不断。

这种方法操作简单,不需要特殊设备,存菌率高,具有一定的保藏效果;但保藏时间较短,菌种反复转接易发生变异,生理活性易发生减退。

(二)半固体穿刺保藏法

这种方法一般用于保藏兼性厌氧细菌或酵母菌。此法与斜面保藏法大同小异,仅将斜面改为直立柱,培养基中琼脂量减少。

1. 接种

方法为穿刺接种法,用接种针将菌种穿刺接种至半固体培养基深层中央部分,注意切勿穿透培养基底面。

2. 培养

在适宜温度条件下培养至生长充分。

3. 保藏

待菌在穿刺线上长成后置 4℃～5℃的冰箱中保藏。也可加无菌液体石蜡(150℃～170℃烘箱灭菌 1 h)覆盖,即配合使用石蜡油封保藏法,抑制生物代谢,推迟细胞老化,防止培养基水分蒸发,因而能延长菌种的保藏时间。如果用无菌橡皮塞,则保存效果更好。

4. 转接

一般在保藏半年或一年后,需转接至新配制的半固体培养基培养后再保藏。

(三)液体石蜡封藏法

液体石蜡封藏法适用于保藏霉菌、酵母菌和放线菌,保藏时间可长达 1～2 年,并且操作简便,但不适于细菌和某些霉菌(如固氮菌、乳杆菌、分枝杆菌和毛霉、根霉等)的保藏。

1. 液体石蜡灭菌

将液体石蜡置于 100 mL 的锥形瓶内,每瓶装 10 mL,塞上棉塞,外包牛皮纸,高压蒸汽灭菌(0.1 MPa 灭菌 30 min)。灭菌后将装有液体石蜡的锥形瓶置于 105℃～110℃的烘箱内约 1 h,以除去液体石蜡中的水分。

2. 接种

将菌种接种到适宜的斜面培养基上。

3. 培养

在适宜的温度下培养,使其充分生长。

4. 加液体石蜡

用无菌吸管吸取已灭菌的液体石蜡,注入已长好菌苔的斜面上。液体石蜡的用量以高出斜面顶端 1 cm 左右为宜,保证菌种与空气隔绝。

5. 保藏

将加入液体石蜡的斜面培养基直立置于 4℃~5℃冰箱中或室温下保藏。

6. 转接

到保藏有效期(1~2 年)后,需将菌种转接到新配制的斜面培养基上,培养好后加入适量液体石蜡,再进行保藏。

(四)沙土管保藏法

土壤是自然界各类菌种的栖居场所,对微生物起保护作用,可提高微生物的存活率。沙土管保藏法就是在此基础上发展起来的。由于其制作简单,保藏期长,使用方便,特别适用于产芽孢或孢子的微生物,常用于细菌芽孢、霉菌和放线菌孢子的保藏。一般可保藏 3 年左右。但不适用于保藏无芽孢细菌和酵母菌。

1. 无菌沙土管制备

(1)河沙处理。取河沙适量,用 40 目筛子过筛,除去大颗粒,再用 10％盐酸浸泡 2~4 h(盐酸应浸没沙面);之后除去有机杂质,倾去盐酸,用自来水冲洗至中性,烘干。

(2)筛土。取非耕作层的瘦黄土适量,磨细,用 100 目筛子过筛。

(3)沙和土混合。取 1 份土加 4 份沙混合均匀,装入如血清管大小的试管中。装量约 1 cm,塞上棉塞。

(4)灭菌。高压(0.1 MPa)蒸汽灭菌 1 h。每天 1 次,连续灭菌 3 d。

(5)无菌检查。取灭菌后的沙土少许,接入牛肉膏蛋白胨培养液中,30℃培养 1~2 d,观察有无杂菌生长。若有,需再次重复灭菌。

2. 制备菌悬液

吸取 3~5 mL 无菌水注入 1 支已培养好待保藏的菌种斜面中,用接种环轻轻搅动培养物,使其呈悬浮状,制成菌悬液。

3. 加样

用无菌吸管吸取菌悬液,在每支沙土管中滴加 4~5 滴,用接种环搅匀,沙土管口塞上棉塞。

4. 干燥

将滴加菌悬液的沙土管置于干燥器内。事先应在干燥器内放五氧化二磷或无水氯化钙作为干燥剂，吸收水分。待干燥器内干燥剂因吸水变成糊状时，需及时更换。反复数次，保持沙土管干燥。也可用真空泵连续抽气约 3 h，干燥效果更佳。

5. 抽样检查

从干燥的沙土管中，每 10 支抽 1 支进行检查。用接种环取少许沙土，接种到适于所保藏菌种生长的斜面上培养，检查有无杂菌生长及所保藏菌种的生长情况。

6. 保藏

若检查没有发现任何问题，可选用以下任一方式保藏。

(1)沙土管继续放在干燥器内，将干燥器置于室温或冰箱中。

(2)将沙土管带塞一端浸入熔化的石蜡中，密封管口。

(3)用酒精喷灯将沙土管棉塞以下的玻璃烧熔，封住管口，然后放于冰箱保藏。

五、思考题

(1)实验室中，细菌、霉菌、酵母菌和放线菌菌种常用哪种方法保藏？

(2)沙土管保藏法适于保藏哪种类型的微生物？灭菌后的沙土管为何必须进行无菌检查？

实验 1-31　微生物菌种冷冻真空干燥保藏法

冷冻真空干燥保藏法是目前最有效的菌种保藏方法之一。此法的优点如下：一是适用范围广泛。除了不宜保藏少数不生孢子只产生菌丝体的丝状真菌外，其他各类微生物——细菌、放线菌、酵母菌、丝状真菌及病毒均可采用此法保藏。二是保藏时间可长达 1～20 年之久，且保种存活率高、变异率低。此法缺点是，需要冰冻干燥设备且设备昂贵，操作较复杂。

一、实验目的

(1)了解微生物菌种冷冻真空干燥保藏法的基本原理。

(2)掌握冷冻真空干燥保藏法的操作技术。

二、基本原理

冷冻真空干燥保藏法集中菌种保藏的多个有利条件于一身，比如低温、缺氧、干燥和添加保护剂。此法主要包括 3 个步骤：①将待保藏菌种的细胞或孢子悬浮于保护剂（如脱脂牛奶）中，减少冷冻或水分升华对微生物细胞造成的损害。②在低温下（－70℃左右）使微生物细胞快速冷冻。③在真空下使冰升华，以除去部分水分。

三、实验器材

(1)菌种:准备保藏的细菌、放线菌、酵母菌或霉菌。

(2)培养基:适于培养待保藏菌种的各种斜面培养基。

(3)试剂:脱脂牛奶、2%盐酸等。

(4)器皿:安瓿管、长颈滴管、青霉素小瓶、无菌移液管、冷冻干燥装置。

四、实验步骤

(一)冷冻真空干燥保藏

1. 准备安瓿管

安瓿管一般用中性硬质玻璃制成,管内径 6~8 mm,长约 100 mm。安瓿管先用 2%盐酸浸泡过夜,再用自来水冲洗至中性,之后用蒸馏水冲洗 3 次,最后烘干备用。将印有菌名和接种日期的标签纸置于安瓿管内,有字一面朝向管壁。管口塞上棉花塞并包上牛皮纸,高压蒸汽灭菌(0.1 MPa 压力下灭菌 30 min)。

2. 制备菌悬液

(1)菌种斜面培养:一般利用最适培养基在最适温度下培养菌种斜面,以便获得生长良好的培养物(一般为静止期细胞)。芽孢细菌可以保藏芽孢,放线菌和霉菌可保藏孢子。不同菌种所需的斜面培养时间各不相同,细菌培养 24~48 h,酵母菌培养 3 d 左右,放线菌和霉菌培养 7~10 d。

(2)制备菌悬液:吸取 2 mL 已灭菌的脱脂牛奶至培养好的新鲜菌种斜面中,用接种环轻轻刮下培养物,使其悬浮在牛奶中,制成的菌悬液浓度以 $10^8 \sim 10^{10}$ 个/毫升为宜。

(3)分装菌悬液:用无菌长滴管吸取 0.2 mL 菌悬液,滴加在安瓿管底部,注意不要使菌悬液粘在管壁上。

3. 冷冻真空干燥的步骤

(1)菌悬液预冻:将装有菌悬液的安瓿管直接放在低温冰箱中(-35℃~-45℃)或放在干冰无水乙醇浴中进行预冻。预冻的目的是使菌悬液在低温条件下冻结成冰(注意预冻温度不要高于-25℃,因为含有脱脂牛奶的菌悬液冰点下降)。

(2)冷冻真空干燥:将装有已冻结菌悬液的安瓿管置于真空干燥箱中,开动真空泵进行真空干燥。在此条件下,菌悬液保持冻结状态并逐渐升华。继续抽气,当真空度达到 0.066 7 MPa 后,维持 6~8 h,样品即被干燥,干燥样品呈白色疏松状态。若采用简易冷冻真空干燥装置,应在开动真空泵后 15 min 内,使真空度达到 0.066 7 MPa。

(3)安瓿管封口:样品干燥后,先用火焰将安瓿管棉塞下端处烧熔并拉成细颈,再将安瓿管接在封口用的抽气装置上,开动真空泵,室温抽气。当真空度达到 0.026 87 MPa 时,继续抽气数分钟,再用火焰在细颈处烧熔封口。

（4）保藏：将封口带菌安瓿管置于冰箱（5℃左右）中或室温下避光保存。

（二）简易冷冻真空干燥保藏

简易冷冻真空干燥保藏法的优点如下：可用生化实验室中常用的普通冷冻干燥装置代替微生物实验室中专用的冷冻真空干燥装置，并可用无菌容器封口膜覆盖的药用青霉素小瓶代替无菌熔封安瓿管，进行菌种的冷冻真空干燥保藏。

1. 制备无菌瓶

将药用青霉素小瓶先用2%盐酸浸泡8～10 h，再用自来水冲洗3次，之后用蒸馏水洗1～2次，最后烘干。将印有菌种和接种日期的标签纸置于小瓶中，瓶口用无菌容器封口膜覆盖扎紧，连同小瓶的橡皮塞一起高压蒸汽灭菌（0.1 MPa压力下灭菌20 min），备用。

2. 制备无菌脱脂牛奶

制备脱脂牛奶或配制40%脱脂奶粉，在0.08 MPa压力下灭菌20 min，并进行无菌检查。

3. 制备菌悬液

在培养好的新鲜菌种斜面上，加入3 mL无菌水，用接种环刮下菌苔（注意不要刮破培养基），轻轻搅动，制成菌悬液。

4. 分装

用无菌移液管将菌悬液分装至灭过菌的青霉素小瓶中，每瓶装0.2 mL，再用无菌长滴管将灭过菌的0.2 mL脱脂牛奶加入青霉素小瓶中，振摇混匀。

5. 预冻

将青霉素小瓶放入500 mL干燥瓶中，放入－40℃～－35℃低温冰箱中保存20 min，待小瓶中菌悬液冻结成固体后取出。

6. 冷冻真空干燥

迅速将干燥瓶插在冷冻干燥器的抽真空插管上，抽真空冷冻干燥24～36 h，待菌体混合物呈疏松状态（稍一振动即脱离瓶壁）时方可取出。

7. 封存

在无菌室内将无菌容器封口膜取下，迅速更换无菌橡皮塞，最后用封口膜将瓶口封住，置于－20℃低温冰箱保存。

五、注意事项

冷冻真空干燥时，应将菌体混合物充分干燥，使之呈疏松状态。

六、思考题

在冷冻干燥保藏中，需要先将菌悬液预冻，再进行真空干燥，这样做的原因是什么？

实验 1-32　微生物菌种液氮超低温冷冻保藏

液氮超低温冷冻保藏法适合保藏各种微生物,尤其适合保藏某些不宜用冷冻干燥保藏的微生物。运用此法菌种保藏期较长,不易发生变异。该法已被国外某些菌种保藏机构作为常规保藏方法,也已被我国许多专业菌种保藏机构采用。但该法的应用因需要液氮冰箱等特殊设备而受到一定限制。

一、实验目的

(1)了解微生物菌种液氮超低温冷冻保藏法的基本原理。
(2)学习掌握液氮冷冻法的操作技术。

二、基本原理

在超低温(-130℃)条件下,生物的一切代谢活动停止,但生命仍在延续。将微生物细胞悬浮于含保护剂的液体培养基中,或者把带菌琼脂块直接浸没于含保护剂的液体培养基中,经预先缓慢冷冻后,转移到液氮冰箱内,在液相(-196℃)或气相(-156℃)中保藏。

三、实验器材

(1)菌种:准备保藏的细菌、放线菌、酵母菌或霉菌。
(2)培养基:适于培养待保藏菌种的各种斜面培养基或琼脂平板。
(3)试剂:含 10％甘油的液体培养基等。
(4)器皿:安瓿管、打孔器、液氮冰箱、控速冷冻机。

四、实验步骤

(一)准备安瓿管

液氮保藏所用的安瓿管必须能够经受突然温度变化而不破裂,一般采用硼硅酸盐玻璃制品。安瓿管规格一般为 75 mm×10 mm 或能容纳 1.2 mL 液体。安瓿管洗刷干净并烘干,管口塞上棉花并包上牛皮纸,高压蒸汽灭菌(0.1 MPa 下灭菌 20 min),安瓿管编号备用。

(二)准备冷冻保护剂

液氮保藏法一般都需要添加保护剂,通常采用浓度为 10％(V/V)甘油或 10％(V/V)二甲亚砜作为冷冻保护。含甘油溶液需经高压灭菌,而含二甲亚砜溶液则采用过滤法除菌。

如要保藏只能形成菌丝体而不能产生孢子的霉菌，除需制备带菌琼脂块外，还需在每个安瓿管中预先加入一定量含 10%（V/V）甘油的液体培养基（加入量以能浸没即将加入的带菌琼脂块为宜）。0.1 MPa 压力下灭菌 20 min，备用。

（三）制备菌悬液或带菌琼脂块浸液

1. 制备菌悬液

在每支培养好菌的斜面中加入 5 mL 含 10%（V/V）甘油的液体培养基，制成菌悬液。用载菌吸管吸取 0.5～1 mL 菌悬液分装于无菌安瓿管中，然后用火焰熔封安瓿管管口。

2. 制备带菌琼脂块浸液

若要保藏只长菌丝体的霉菌时，可用无菌打孔器从平板上切下带菌琼脂块（直径 5～10 mm），置于装有含 10%（V/V）甘油的液体培养基的无菌安瓿管中，用火焰熔封安瓿管管口。

为了检查安瓿管管口是否熔封严密，可将上述经熔封的安瓿管浸于水中，发现有水进入管内，说明管口未封严。

（四）慢速预冷冻处理

将菌种置于液氮冰箱保藏前，微生物需经慢速冷冻，其目的是防止细胞因快速冷冻而在细胞内形成冰晶，降低菌种存活率。

1. 控速冷冻

将已封口的安瓿管置于铝盒中，然后置于一个较大金属容器中，再将此金属容器置于控速冷冻机的冷冻室内，以每分钟 1℃的速度冻结至－30℃。

2. 普通冷冻

若实验室无控速冷冻机，可将已封口的安瓿管置于－70℃冰箱中预冷冻 4 h，代替控速冷冻处理。

（五）液氮保藏

将上述经慢速预冷冻处理的封口安瓿管迅速置于液氮冰箱中，在液相（－196℃）或气相（－156℃）中保藏。

若把安瓿管保藏在液氮冰箱的气相中，则不需要除去安瓿管管口棉塞，也不需要熔封安瓿管管口。

（六）恢复培养

若需用所保藏的菌种，可用急速解冻法融化安瓿管中结冰。从液氮冰箱中取出安瓿管，立即置于 38℃～40℃水浴中，并轻轻摇动，使管中结冰迅速融化。采用无菌操作打开安瓿管，用无菌吸管将安瓿管中保藏的培养物全部转移到含有 2 mL 无菌液体培养基中，再吸取 0.1～0.2 mL 菌悬液至琼脂斜面上，进行保温培养。

五、注意

(1)安瓿管需要绝对密封。若有漏洞,保藏期间液氮会渗入安瓿管内。从液氮冰箱取出安瓿管时,液氮会从管内逸出。由于室温高,液氮常会因急剧气化而发生爆炸。为防不测,操作人员应戴上皮手套和面罩等防护用具。

(2)皮肤接触液氮时,极易被"冷烧",操作时应特别小心。

(3)从液氮冰箱取出一支安瓿管时,为防其他安瓿管升温,应尽量缩短取出和放回安瓿管的时间,一般不得超过 1 min。

六、思考题

(1)在液氮超低温冷冻保藏法中,需用含保护剂的液体培养基制备菌悬液,为什么?保护剂的作用是什么?

(2)用什么方法检查安瓿管是否熔封严密?若管口尚未封严,将会产生什么不良后果?

(3)液氮超低温冷冻保藏法中,为何缓慢冷冻(控速冷冻)细胞?

附文

1. 纯种制曲保藏法

这是根据我国传统制曲经验改进以后的方法,适宜于保藏产生大量孢子的各种霉菌和某些放线菌。

2. 甘油保藏法

将 20%(也可以用 10%)的甘油放入指形管,消毒。敲菌体于其内,−70℃~−20℃保存。

3. 几种保藏方法比较

几种微生物保藏方法的比较见表 1-19。

表 1-19　微生物菌种保藏方法的比较

方法	主要措施	适用菌种	保藏期限	评价
斜面低温保藏法	低温	各大类	3~6 个月	简便
半固体穿刺保藏法	低温	细菌、酵母	6~12 个月	简便
液体石蜡封藏法	低温、缺氧	各大类	1~2 年	简便
沙土管保藏法	干燥、无营养	产孢微生物	1~10 年	简便有效
冷冻真空干燥	干燥、无营养、低温	各大类	5~15 年	烦琐但高效

第三节　微生物的生理生化反应

不同微生物对有机物的分解利用情况各不相同。有些微生物能分泌氧化酶将某些物质氧化；有些微生物能分泌淀粉酶把淀粉水解为糊精、麦芽糖或葡萄糖；有些微生物则能分泌脂肪酶，把脂肪水解为甘油和脂肪酸；而有些微生物能分泌蛋白酶、肽酶，将蛋白质水解为多肽或氨基酸。微生物对含碳、含氮化合物的分解利用中进行的生理生化反应也是微生物鉴定的重要依据之一。本章介绍几种鉴定细菌主要生理生化反应的常规试验方法。

实验 1-33　微生物的氧化酶实验

一、实验目的

（1）了解微生物的氧化酶实验基本原理。
（2）掌握氧化酶测试实验技术。

二、实验原理

细胞色素氧化酶与细胞色素 a、b、c 构成氧化酶系，参与微生物的氧化反应。细胞色素氧化酶在有细胞色素存在时，加入盐酸对氨基二甲基对苯胺，可呈玫瑰红到暗紫红色。

由氧化酶测定反应可判断受检菌是否具有细胞色素氧化酶。另外，氧化酶测定常用来区分假单胞菌属（及相近种属的细菌）与肠杆菌科的细菌，假单胞菌属大多是细胞色素氧化酶阳性。

三、实验仪器

（1）菌种：假单胞菌和大肠杆菌试管斜面。
（2）试剂及培养基：1%盐酸对氨基二甲基苯胺水溶液，营养琼脂平板培养基。
（3）实验仪器：冰箱、高压蒸汽灭菌器、电子天平、电炉、酒精灯、接种针、滤纸、细玻璃棒、吸水纸、平皿等。

四、实验步骤

（1）1%盐酸对氨基二甲基苯胺水溶液应事先盛于棕色瓶置于冰箱贮存。该溶液极易氧化，故贮存时间不能超过 2 周。若溶液变为红褐色，则不能再用。
（2）用无菌操作分别从受检菌的斜面取培养菌少许，接种在营养琼脂平板上，35℃培养 18～24 h。

（3）取一张滤纸置于洁净的平皿中，滴上 1％盐酸对氨基二甲基苯胺水溶液，以使滤纸湿润为宜；若加入量太多，滤纸过湿，会影响菌苔与空气接触，延长显色时间，造成假阴性。

（4）用细玻棒刮取平板上受检菌的菌落，涂抹在湿润的滤纸上。

（5）仔细观察，若在 10 s 内菌苔或其边缘呈红色，则该菌为阳性；若 10～30 s 出现红色，则该菌为迟缓阳性；不呈红色或 30 s 后出现红色，则该菌为阴性。

五、注意事项

（1）不能用镍铬丝或铁丝取菌苔，否则会产生假阳性。

（2）滤纸滴加试剂过多或过少都将影响试验结果，注意滴加适量。

实验 1-34　微生物的过氧化氢酶实验

一、实验目的

（1）了解微生物的过氧化氢酶实验基本原理。

（2）掌握过氧化氢酶测试实验技术。

二、实验原理

某些细菌含有的过氧化氢酶（也叫接触酶），是一种以正铁血红素为辅基的酶，它能催化分解过氧化氢为水和氧气。利用这一特点可用于区分乳酸菌、厌氧菌与其他细菌。厌氧菌和乳酸菌可产生过氧化氢酶，而好氧菌则不产。因而，过氧化氢酶的有无是区分好氧菌和厌氧菌的方法之一。

三、实验仪器和试剂

（1）菌种：培养 24～48 h 的荧光假单胞菌和大肠杆菌。

（2）试剂：体积分数为 3％～10％的过氧化氢溶液。

（3）其他用具：载玻片、接种环、酒精灯、滴管、培养皿。

（4）培养基：普通蛋白胨培养基，注意培养基中严禁含血红素或红细胞，否则易产生假阳性。

四、实验步骤

（1）接种受检菌，35℃培养 18～24 h。

（2）取受检菌苔涂于干净的载玻片上，向菌苔上滴一滴体积分数为 3％～10％的过氧化氢溶液。若有气泡（氧气）产生则有过氧化氢酶，为接触酶阳性；否则无过氧化氢酶，为接触酶阴性。

注:也可将体积分数为 3%～10% 的过氧化氢溶液直接滴到培养好细菌的菌苔上,观察有无气泡产生。

(3)记录下观察的现象并分析。

五、思考题

分析过氧化氢酶实验与氧化酶实验的异同。

实验 1-35　微生物的淀粉水解实验

一、实验目的

(1)了解微生物的淀粉酶扩散实验基本原理。
(2)掌握淀粉水解实验技术。
(3)学会判断水解淀粉的微生物的方法。

二、实验原理

有些微生物具备合成淀粉酶的能力,分泌的胞外淀粉酶可以将细胞外大分子的淀粉水解为糊精、麦芽糖和葡萄糖后进入细胞。淀粉遇碘变为蓝色,但淀粉水解后的产物遇碘不再变为蓝色。利用这一特点,可以判断微生物是否具有水解淀粉能力。

三、实验材料和器材

(1)菌种:大肠杆菌、枯草芽孢杆菌、金黄色葡萄球菌、荧光假单胞菌。
(2)淀粉酶扩散实验培养基:普通牛肉膏蛋白胨培养基加 0.2% 的可溶性淀粉。
(3)试剂:鲁古氏碘液(碘液配方见附录四)。
(4)实验器材:洁净工作台、酒精灯、平皿、接种环。

四、实验步骤

1. 制作淀粉培养基平板
将配制好的培养基熔化并冷却到 55℃ 左右后倒入无菌平皿中,冷凝制成平板。

2. 无菌接种
用无菌接种环挑取少量的待测菌种点接在培养基表面。每平板可同时接种 2～4 种不同菌种,其中一种接种枯草杆菌做对照;每个平板点种 4～8 个菌落为宜(图 1-50)。

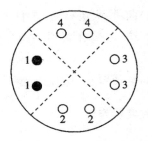

1. 枯草杆菌(对照菌);2～4. 受检实验菌

图 1-50　淀粉水解实验培养基接种示意图

3. 培养受检菌

将 2 中接种的培养基置于恒温箱,28℃培养 24 h。

4. 观察菌落周围颜色变化

取出培养基,打开皿盖,滴加少量的鲁古氏碘液于培养基上,轻轻旋转,碘液均匀布满平板。若菌落周围出现一个无色透明圈,说明细菌产生淀粉酶,淀粉酶扩散到培养基中水解了基质中的淀粉,即该菌具有水解淀粉的能力;若菌落周围变为蓝色(无透明圈出现),表明该菌没有分解淀粉的能力,基质中的淀粉遇碘变为蓝色。

五、思考题

试比较分析大肠杆菌、枯草芽孢杆菌、金黄色葡萄球菌、荧光假单胞菌菌落周围呈现什么颜色? 为什么?

实验 1-36　微生物的油脂水解实验

一、实验目的

(1)了解微生物的油脂水解实验基本原理。

(2)掌握油脂水解实验技术。

(3)学会判断分解脂肪的微生物的方法。

二、实验原理

有些微生物具备合成脂肪酶的能力,分泌的胞外脂肪酶能将细胞外大分子的脂肪水解为甘油及脂肪酸,脂肪酸能使培养基的 pH 下降。利用这一特点,在油脂培养基(附录3)中加入中性红作为指示剂[中性红的指示 pH 范围为 6.8(红色)~8.0(黄色)],若菌落周围培养基中出现红色斑点,则说明受检微生物能分解脂肪。

三、实验器材

(1)菌种:大肠杆菌、金黄色葡萄球菌、枯草杆菌、铜绿假单胞菌。

(2)培养基:在普通牛肉膏蛋白胨培养基中加花生油 10 mL 和 1.6% 中性红水溶液1 mL。

(3)其他器材:接种环、酒精灯、平皿。

四、实验步骤

1. 制作油脂培养基平板

先将盛有无菌油脂培养基的锥形瓶放于沸水中熔化,取出振荡至油脂分布均匀,再倒入无菌平皿中,静置凝固成平板。

2. 接种

用无菌接种环取少量的受检菌点接在培养基表面,每皿可同时接种 2~4 种不同菌种,其中以金黄色葡萄球菌为对照菌;以每皿 4~8 个菌落为宜(图 1-50)。点接处分别编号,记录下菌种名称。

3. 培养

将已接种的平板置于恒温培养箱,37℃培养 24 h。

4. 观察

取出培养皿,仔细观察平板,记录每个菌落周围颜色变化。若底层长菌落处出现红色斑点,则表明脂肪已被水解,呈阳性反应,据此可判断该菌具有分解脂肪的能力。

五、思考题

(1)为什么实验要无菌操作?

(2)实验中不同受检菌的实验结果有何不同?

实验 1-37 微生物的葡萄糖氧化发酵实验

一、实验目的

(1)了解微生物的葡萄糖氧化发酵实验基本原理。

(2)掌握葡萄糖氧化发酵实验技术。

(3)掌握鉴别微生物利用糖类产酸的类型——氧化性产酸和发酵性产酸。

(4)学会判断产气微生物的方法。

二、实验原理

有些微生物能以氧化或发酵方式分解葡萄糖,糖代谢产酸,有的种类还产气。前者产酸慢、量少,后者产酸快、量多。通过含低有机氮的培养基,据指示剂颜色变化,可鉴别细菌利用糖类产酸的类型——氧化性产酸和发酵性产酸;据软琼脂柱中有无气体,可判断是否产气。

三、实验器材

(1)菌种:大肠杆菌和荧光假单胞菌的幼龄(18~24 h)斜面培养物。

(2)试剂:灭菌凡士林油(凡士林与液体石蜡以 1∶1 混合配制)。

(3)培养基:休和利夫森氏(Hugh & Leifson)软琼脂培养基(详见附录三 常用培养基)10 支。

（4）仪器及用具：恒温培养箱、接种针、酒精灯。

四、操作步骤

1. 培养基编号

给 10 支休和利夫森氏培养基分别编号标记。

2. 接种

用无菌接种针分别取大肠杆菌和荧光假单胞菌的幼龄菌苔少许，穿刺接种在休和利夫森氏软琼脂培养基中，注意接种针勿碰到试管底部。两菌种分别接 4 支，另外 2 支不接种（空白对照）。

3. 封管

取已接种管各 2 支、对照管 1 支，用灭菌凡士林油封盖（即在培养基上加油 1 cm 左右），为闭管；其余管不封油，为开管。

4. 培养

将 10 支试管培养基置于恒温培养箱，30℃～37℃培养 1 d、3 d、7 d 后观察。

5. 记录结果

（1）仅开管的培养基变黄的菌种，为氧化产酸菌。

（2）开管和闭管的培养基都变黄的菌种，为发酵产酸菌。

（3）琼脂培养基内产生气泡的菌种，为产气菌。

6. 改进法

封管和洗刷较烦琐，也可不封油，只接种 2 支培养基，培养 12～18 h，观察结果。若培养基变色从表面开始向下扩散，属氧化产酸；培养基变色自下往上扩散，为发酵产酸。若 24 h 已全部变黄，即使从上部开始，也可能是发酵，应再用封管实验检验。

五、思考题

两种受检菌培养基的变化有何不同，为什么？

实验 1-38　微生物的甲基红实验

一、实验目的

（1）了解微生物的甲基红实验基本原理。
（2）掌握甲基红实验技术。

二、实验原理

有些细菌在分解利用葡萄糖产生丙酮酸，丙酮酸进而降解为甲酸、乙酸及乳酸等多种有机酸,导致 pH 显著下降,甚至可降到 4.2 以下。若滴加甲基红指示剂,则培养液由黄色变为红色。

三、实验器材

(1)菌种:大肠杆菌、枯草芽孢杆菌新鲜斜面培养菌。
(2)试剂:甲基红指示剂。
(3)培养基:葡萄糖蛋白胨水培养基 5 支。
(4)实验仪器和用具:恒温培养箱、接种耳、酒精灯、比色瓷盘、移液管。

四、实验步骤

1. 标记

取胰蛋白胨水培养基试管 4 支,其中 2 支标记 A,2 支标记 B。另取 1 支培养基标记为 C。

2. 接种

无菌操作将大肠杆菌、枯草芽孢杆菌分别接种到 A、B 管。C 管不接种,作空白对照。

3. 培养

将 5 支培养基试管置于恒温培养箱,30℃～37℃培养 2～7 d。

4. 观察

取培养液 0.5 mL 左右于白色比色瓷盘小窝内,加一滴甲基红指示剂,若呈现红色则为甲基红阳性。

实验 1-39　微生物产硫化氢实验

一、实验目的

(1)了解微生物产硫化氢实验基本原理。
(2)掌握微生物产硫化氢实验技术。

二、实验原理

很多细菌能分解有机硫化物产生硫化氢,硫化氢与铁盐或铅盐可生成黑色硫化亚铁或硫化铅沉淀。其反应式如下:

$$\begin{array}{c} \overset{\displaystyle NH_2}{\underset{}{|}} \\ S{-}CH_2{-}CH{-}COOH \\ | \\ S{-}CH_2{-}CH{-}COOH \\ \underset{}{|} \\ NH_2 \end{array} + 2H \longrightarrow 2 \begin{array}{c} CH_2{-}CH{-}COOH \\ | \qquad | \\ SH \quad NH_2 \end{array}$$

胱氨酸   半胱氨酸

$$\begin{array}{c} CH_2{-}CH{-}COOH \\ |\qquad| \\ SH \quad NH_2 \end{array} + H_2O \longrightarrow CH_3COCOOH + NH_3 + H_2S\uparrow$$

$$H_2S + Pb(CH_3COO)_2 \longrightarrow 2CH_3COOH + PbS\downarrow$$

$$或 \quad H_2S + FeSO_4 \longrightarrow H_2SO_4 + FeS\downarrow$$

（黑色沉淀）

三、实验器材

（1）菌种：大肠杆菌和沙门氏菌新鲜斜面培养菌。

（2）试剂：醋酸铅滤纸条。制作方法：将剪成 0.5～1 cm 宽的滤纸条（长度据试管和培养基高度而定），置于 5％～10％的醋酸铅溶液中浸透，取出，置于烘箱中在 50℃～60℃的条件下烘干，再用高压蒸汽灭菌器 121℃灭菌 15 min，备用。

（3）培养基：蛋白胨胱氨酸培养基 5 支。（详见附录三　常用培养基）

（4）实验仪器和用具：恒温培养箱、酒精灯、接种耳、镊子。

四、操作步骤

1. 标记

取蛋白胨胱氨酸培养基试管 4 支，其中 2 支标记 A，2 支标记 B。另取 1 支培养基标记为 C。

2. 接种

采用无菌操作将大肠杆菌、沙门氏菌分别接种到 A、B 管。C 管不接种，作为空白对照。分别用镊子夹一棉塞放于各管培养基液面上，再夹一条醋酸铅滤纸放于棉塞，滤纸不接触液面。

3. 培养

将上述 5 支培养基试管置于恒温培养箱，30℃～37℃培养 3 d、7 d、14 d。

4. 观察记录

纸条变黑者为阳性，不变色者为阴性。

五、思考题

本实验中，为何要用棉塞将醋酸铅滤纸条与培养基液面隔开？

实验 1-40 微生物利用柠檬酸盐实验

一、实验目的

(1)了解微生物利用柠檬酸盐实验基本原理。
(2)掌握微生物利用柠檬酸盐实验技术。

二、实验原理

部分细菌利用柠檬酸钠作为碳源,将柠檬酸钠降解产生碱性化合物,导致培养基呈碱性。若培养基中含有溴麝香草酚蓝指示剂,则指示剂由绿色变为深蓝色。

三、实验器材

(1)菌种:大肠杆菌和沙雷氏菌的18~24 h斜面培养菌。
(2)培养基:西蒙斯氏柠檬酸盐高底斜面培养基(详见附录三 常用培养基)。
(3)实验仪器和用具:恒温培养箱、接种耳、酒精灯。

四、实验步骤

1. 接种

通过无菌技术用接种环分别挑取大肠杆菌和沙雷氏菌穿刺接种于 2 个斜面培养基并做好标记。

2. 培养

将已接种的斜面培养基试管置于恒温培养箱,30℃~37℃培养 2~7 d。

3. 观察记录

若接种菌在斜面上或沿穿刺线生长,培养基由绿色变为深蓝色者为阳性,始终为绿色者不能利用柠檬酸钠。

五、思考题

试比较微生物利用柠檬酸盐实验与微生物产硫化氢实验的不同。

实验 1-41 微生物的吲哚试验

一、实验目的

(1)了解微生物的吲哚实验的基本原理。

（2）掌握吲哚实验技术。

（3）掌握鉴别分解胰蛋白胨中色氨酸的微生物方法。

二、实验原理

有些细菌能够利用胰蛋白胨中的色氨酸产生吲哚。吲哚可与 Kovac 氏试剂中的对二甲基氨基苯甲醛反应，生成红色的玫瑰吲哚。反应式如下：

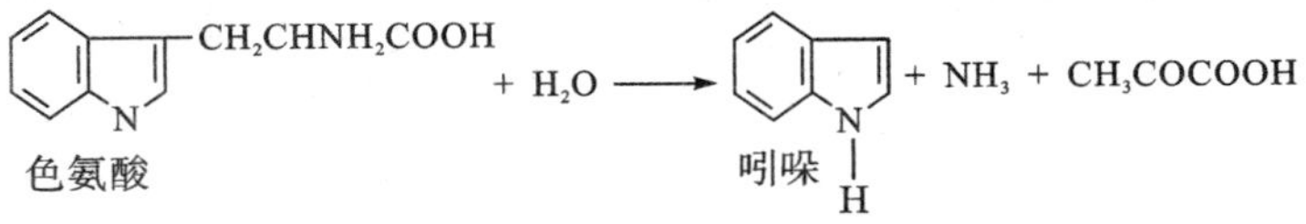

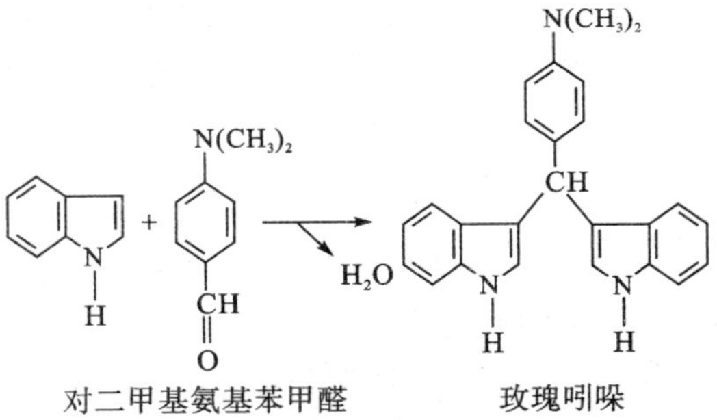

色氨酸　　　　　　　　　　　　　　吲哚

对二甲基氨基苯甲醛　　　　玫瑰吲哚

三、实验器材

（1）菌种：大肠杆菌和枯草芽孢杆菌新鲜斜面培养菌。

（2）试剂：Kovac 氏试剂、乙醚。

（3）培养基：1%胰蛋白胨水培养基（详见附录三 常用培养基）5 支。

（4）实验仪器与用具：恒温培养基、接种耳、酒精灯。

四、实验步骤

1. 标记

取胰蛋白胨水培养基试管 4 支，其中 2 支标记 A，2 支标记 B。另取 1 支培养基标记为 C。

2. 接种

通过无菌操作将大肠杆菌和枯草芽孢杆菌分别接种到 A、B 管。C 管不接种，作为空白对照。

3. 培养

将 5 支培养基试管置于恒温培养箱，30℃～37℃培养 24 h。

4. 观察

取出培养基试管，分别沿管壁缓慢加入 Kovac 氏试剂，加入量为培养液表面上厚 3～

5 mm。若在两液体界面或界面以上呈红色,说明反应呈阳性,该菌能分解胰蛋白胨中的色氨酸。若呈色不明显,可再加 4～5 滴乙醚并摇动,直至乙醚分散到培养液中。静置片刻,至乙醚上浮至液面后,再沿管壁缓慢加入 Kovac 氏试剂,观察颜色变化。

五、思考题

吲哚实验中为什么加乙醚?

实验 1-42　微生物硝酸盐还原实验

一、实验目的

(1)了解微生物硝酸盐还原实验基本原理。
(2)掌握微生物利用硝酸盐实验技术。

二、实验原理

有的细菌能将硝酸盐还原为亚硝酸盐、氨气或氮气。亚硝酸能与格里斯氏试剂 A 液中的对氨基苯磺酸反应生成对重氮苯磺酸。对重氮苯磺酸与格里斯氏试剂 B 液中的 α-萘胺结合生成红色 N-α-萘胺偶氮苯磺酸。反应如下:

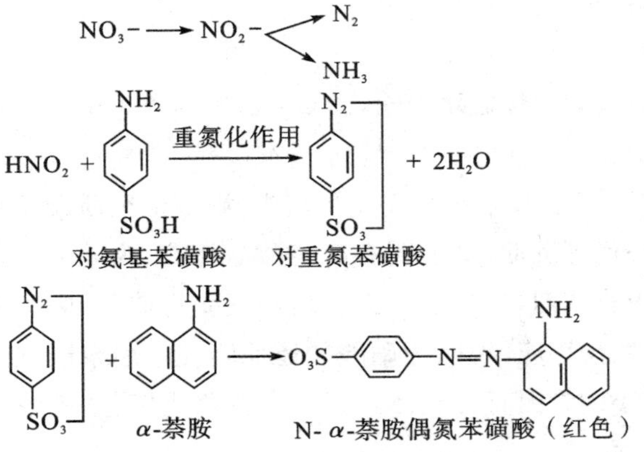

亚硝酸盐继续分解生成氨气或氮气。所以用格里斯氏试剂检查无亚硝酸根存在,不一定没发生硝酸盐还原作用,须进一步检验。若有硝酸根存在,滴加二苯胺试剂后,培养液即呈蓝色;若不呈蓝色,表明硝酸盐和新生成的亚硝酸盐都已还原成氨气或氮气。氨气与奈氏试剂的反应式如下:

$$2(HgI_2 \cdot 2KI) + 3KOH + NH_3 \longrightarrow O \begin{matrix} Hg \\ \\ Hg \end{matrix} NH_2^+ \cdot I^- + 7KI + 2H_2O$$

碘化氧双汞氨（黄色）

$$2(HgI_2 \cdot 2KI) + KOH + NH_3 \longrightarrow NH_2Hg_2^+ \cdot I^- + 5KI + H_2O$$

碘化双汞氨（棕红色）

三、实验器材

（1）菌种：大肠杆菌、枯草芽孢杆菌新鲜斜面培养菌。

（2）试剂：格里斯氏试剂、二苯胺试剂、奈氏试剂。（附录五　实验用试剂的配制）

（3）硝酸盐肉汤培养基(内有小倒管)6 支。

（4）实验仪器和用具：恒温培养箱、接种耳、酒精灯、比色板。

四、实验步骤

1. 标记

取硝酸盐肉汤培养基试管 4 支，其中 2 支标记 A，2 支标记 B。另取 2 支培养基分别标记为 C。

2. 接种

通过无菌操作用接种耳分别取大肠杆菌、枯草芽孢杆菌接种到硝酸盐肉汤培养基中，各做两个重复，大肠杆菌接种到 2 支 A 管中，枯草芽孢杆菌接种到 2 支 B 管中。两 C 管作为空白对照，不接种。

3. 培养

将 6 支培养基试管置于恒温培养箱，30℃～37℃培养 1 d、3 d、5 d。

4. 显色观察

分别取培养液约 0.5 mL 于比色瓷盘小窝中，滴加格里斯氏试剂 A 液、B 液各一滴，若产生红色、橙色、棕色等沉淀，则表明有亚硝酸盐存在，为硝酸盐还原阳性。若颜色没变，则加 1～2 滴二苯胺试剂，进行观察。若培养液变为蓝色，则表示培养液中仍有硝酸盐，且又没发生亚硝酸盐反应，说明为硝酸盐还原阴性。用奈氏试剂检查培养液中是否有氨气存在，并检查小倒管内有无气体。若产生黄色或棕色(高浓度时)沉淀，小倒管有气体，则表示有氨气存在。

第二章　应用性实验

实验 2-1　空气细菌的检测——沉降法

一、实验目的

(1)通过实验了解指定空气中细菌的数量。

(2)学习检测空气中细菌的基本方法。

二、实验原理

沉降法也称平皿落菌法,是将盛有培养基的平皿放在空气中暴露一定时间,让空气中细菌自然沉降于培养基上,经培养后计数其上生长的菌落数,按公式推算出每立方米空气中细菌总数。此法简单,使用普遍,但因只有一定大小的颗粒在一定时间内才能降落到培养基上,所测的微生物数量比实际存在数量少,并且也无法测定空气量,所以仅能粗略计算空气污染程度和了解被测区域微生物的种类。

我国《室内空气中细菌总数卫生标准》(GB/T 17093—1997)规定,室内空气细菌的卫生标准:沉降法所测每皿细菌总数≤45 CFU。

三、实验仪器和材料

实验所需仪器有高压蒸汽灭菌器、生化恒温培养箱、玻璃器皿、500 mL 三角瓶、1 000 mL 烧杯、平皿等。

实验所需材料有牛肉膏、蛋白胨、琼脂、氯化钠、氢氧化钠、盐酸。

四、实验步骤

1. 培养基的配制

(1)营养琼脂培养基:蛋白胨 20 g,牛肉膏 5 g,氯化钠 5 g,琼脂 20 g,蒸馏水 1 000 mL,pH 7.4~7.6。称取上述各成分混合加热,充分溶解,用质量分数为 15% 的氢氧化钠溶液和质量分数为 10% 的盐酸调节 pH 为 7.4~7.6,置于高压蒸汽灭菌器 121℃灭菌 20 min,倒入平皿约占 1/2 高度,冷却,备用。

(2)采样点的选择:选择有代表性的采样点。室内采样,一般为五点梅花式采样(图

2-1)。在实验室的四角及中央共选取 5 个点。室
外采样可根据地势高低、房舍远近而设立采样点。
设平行样 3～5 个。

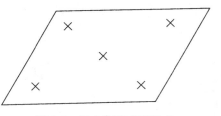

图 2-1　五点梅花式采样点

2. 操作

(1)将上述已灭菌培养基平皿放在选定的采样
点上,打开皿盖,暴露于空气中约 5 min,盖上皿盖。

(2)将样品带回实验室,倒置于生化培养箱,恒温 37℃,培养 24～48 h,观察菌落数。

(3)继续培养 5 d,观察是否有放线菌及霉菌生长。

(4)数据记录(表 2-1)。

表 2-1　沉降法检测空气中微生物的种类和数量统计表

采样环境	采集时间	细菌	霉菌	放线菌
室外	5 min			
	10 min			
室内	5 min			
	10 min			

(5)计算:以奥梅梁斯基公式计算法计数。在面积为 100 cm² 平板琼脂培养基表面
上,5 min 降落的细菌经 37℃ 培养 24 h 后所生长的菌落数和 10 L 空气中所含的细菌数
相当。根据奥梅梁斯基公式计算,即

$$x = \frac{N \times 100 \times 100}{\pi r^2}$$

式中,x 为每 1 m³ 空气中的细菌个数;N 为 5 min 降落在平板上的细菌,经 37℃ 培养
24 h 后所生长的菌落数;r 为平皿底半径。

五、结果讨论

在使用奥梅梁斯基公式计算沉降法检测的细菌总数时,要根据空气污染的尘埃粒子
大小、数量、空气流通情况、人为活动范围等因素,在最后计算的结果中增加菌量 10%～
15%。

六、思考题

(1)请分析沉降法检测空气中浮游细菌的优缺点。

(2)计算空气中微生物含量,确定空气的卫生状况。

实验 2-2　空气细菌的检测——撞击法

一、实验目的

(1)通过实验掌握气流撞击法检测空气微生物技术。
(2)学习检测空气中细菌的基本方法。

二、实验原理

以缝隙采样器(图 2-2)为例,用吸风机或真空泵将含菌空气以一定流速穿过狭缝(狭缝宽有 0.15 mm,0.33 mm 和 1 mm 3 种)而被抽吸到营养琼脂培养基平板上。狭缝长度为平皿的半径,平板与缝的间隙有 2 mm。平板以一定的转速(1 r/min、5~60 r/min、60 r/min)旋转。通常平板转动 1 周,取出置于 37℃ 恒温箱中培养 48 h,计数菌落数。根据空气中微生物的密度可调节平板转动的速度。采集含菌高的空气样品时,平板转动的速度要比含菌最低的空气样品的转速快。根据取样时间和空气流量算出单位空气中的含菌量,以 CFU/m^3 计。

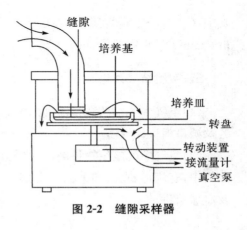

图 2-2　缝隙采样器

三、实验仪器和试剂

实验所需仪器有高压蒸汽灭菌器、干热灭菌器、恒温培养箱、冰箱、量筒、三角烧瓶、pH 计或精密 pH 试纸、撞击式微生物采样器。

实验所需试剂有蛋白胨、牛肉膏、琼脂、氯化钠、氢氧化钠、盐酸。

四、实验操作

1. 培养基的配制

用天平分别称量牛肉膏 0.75 g、蛋白胨 2.5 g、氯化钠 1.25 g、琼脂 2.5~5 g、蒸馏水 250 mL(有时也可用自来水),依次加入烧杯中,混合后在电炉上加热,不断搅拌以免糊底,直至完全溶解。过滤去除沉淀,加水补足因加热蒸发的水量。用质量分数为 10% 的氢氧化钠溶液和质量分数为 10% 的盐酸调节 pH 为 7.4~7.6;倒入三角烧瓶中。120℃灭菌 15~30 min,待用。

2. 实验步骤

(1)采样地点。随机选择具有代表性的采样点。室内采样一般为五点梅花式(图

2-1),室外采样可根据空气污染程度及地势变化进行。

(2)将采样器消毒,并装营养琼脂培养基。通风机转速为 4 000～5 000 r/min,使得空气微生物在培养基表面上均匀分布。每个采样点平行放 2～3 个平皿。

(3)室内培养。将盛有采集样品的平皿带回实验室,置于生化恒温培养箱内,恒温37℃,培养 48 h。

(4)空气中细菌数量计算。可根据吸取的同量的空气测知细菌污染的程度。每分钟的气体流量可从仪器的微气压计测得。同时气体流量的大小可在仪器上进行调整。这样就可以在短时间内取得气体标本。用以下公式计算空气中的细菌数量,即

$$C = N/(Q \times t)$$

式中,C 为空气细菌菌落数,CFU/m³;N 为平板上的菌落数,CFU;Q 为采样流量,m³/min;t 为采样时间,min。

五、实验结果讨论

(1)空气中的细菌数量随气体中的尘埃变化而改变。大气中的细菌在医院、畜舍、宿舍及城市街道比较多。

(2)空气中的微生物种类,主要是真菌类、细菌类的少量病毒。一般陆地空气中的微生物中,有病毒、真菌和细菌。真菌多为曲霉、交毛连霉等。细菌多为放线菌、芽孢杆菌及小球菌科。

实验 2-3　空气细菌的检测——滤膜法

一、实验目的

(1)通过实验掌握滤膜法检测空气微生物技术。
(2)学习检测空气中细菌的基本方法。

二、实验原理

用仪器吸取空气,通过计算空气通过滤膜的过气量来计算空气中细菌的含量。

空气中含有悬浮物,悬浮物大都由尘埃、细菌、酵母菌、霉菌、病毒及花粉等组成。空气中的细菌可用膜滤器过滤检测。

三、实验仪器和材料

实验所需仪器有高压蒸汽灭菌器、生化恒温培养箱、膜滤器、玻璃器皿、500 mL 三角瓶、1 000 mL 烧杯平皿、滤膜。

实验所需材料有琼脂、蛋白胨、牛肉膏、氯化钠、氢氧化钠、盐酸。

四、实验步骤

1. 培养基的制备

营养琼脂培养基：蛋白胨 10 g，牛肉膏 3 g，氯化钠 3 g，琼脂 15 g，蒸馏水 1 000 mL，pH 7.4～7.6。称取上述各成分混合加热，充分溶解，用质量分数为 10% 的氢氧化钠溶液和质量分数为 10% 的盐酸调节 pH 为 7.4～7.6，置于高压蒸汽灭菌器 121℃灭菌 20 min，冷却，备用。

2. 菌种采集

(1)将膜滤器用煮沸法灭菌。

(2)将灭菌过的滤膜(φ0.2～2 μm)放在膜滤器的滤板上，把膜滤器拧紧。

(3)用 5～10 L/min 的速度，吸取检验所需的空气量 50～100 L。

(4)用气流速度计或微气压计来测定。

3. 操作步骤

(1)将营养琼脂培养基融化后，装入平皿中，以皿高的 1/2 为准，凝固后待用。注意要无菌操作。

(2)将过滤细菌的滤膜取下，将菌面向上，即滤膜的平滑面贴在培养基上，各样细菌都会生长良好。

(3)也可将滤膜放到已精确量过的无菌生理盐水中，充分洗涤干净。滤膜上的菌被制成菌悬液。

(4)可采用平板分离式稀释法检测细菌总数及细菌分类。

(5)将平皿放入生化恒温培养箱内，37℃～38℃，恒温培养 24 h。

4. 数据计算

每立方米空气中所含的细菌数的计算式为：

$$每立方米细菌数 = 平皿上细菌集落数 \times \frac{1\ 000}{每分钟空气流量(I) \times 时间(min)}$$

实验 2-4 空气微生物的检测——过滤法

一、实验目的

(1)通过实验掌握过滤法检测空气微生物技术。

(2)学习检测空气中细菌的基本方法。

二、实验原理

利用无菌液体过滤空气，将空气中的微生物截留在液体中。取此液体定量培养、计数,计算出空气中细菌或其他微生物的含量。

三、实验仪器和材料

实验所需仪器有高压蒸汽灭菌器、生化恒温培养箱、盛有 200 mL 无菌水的锥形瓶(500 mL)5 个、盛有 10 L 水的塑料桶(15 L)5 个、玻璃器皿。

实验所需材料有琼脂、蛋白胨、牛肉膏、氯化钠、氢氧化钠、盐酸。

四、实验步骤

1. 培养基的制备

营养琼脂培养基:蛋白胨 10 g,牛肉膏 3 g,氯化钠 3 g,琼脂 15 g,蒸馏水 1 000 mL,pH 7.4~7.6。称取上述各成分混合加热,充分溶解,用质量分数为 10%的氢氧化钠溶液和质量分数为 10%的盐酸调节 pH 为 7.4~7.6,置于高压蒸汽灭菌器 121℃灭菌 20 min,倒入平皿约占 1/2 高度,冷却,备用。

2. 准备过滤装置

按图 2-3 安装空气采样器。

3. 采样点的选择及放置采样器

随机选择具有代表性的采样点。室内采样一般为五点梅花式(图 2-1),室外采样可根据空气污染程度及地势变化进行。按图 2-2 所示,将 5 套空气采样器分别放在 5 个采样点上。

4. 采样

打开塑料桶的水阀,使水缓慢流出,外界空气经喇叭口被吸入盛有无菌水的锥形瓶(采样器)中。10 L 水流完后,10 L 空气中的微生物被截留在 200 mL 无菌水中。

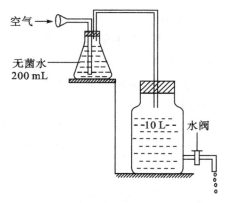

图 2-3 过滤法测定空气微生物采样器

5. 测过滤液中细菌数

将 5 个塑料桶的过滤液充分摇匀,分别吸取 1 mL 过滤液于无菌培养皿(设平行样 3 个)中,再将融化并冷却到 45℃左右的营养琼脂培养基倒入含菌液的培养皿中,摇匀,静置,凝固后置于 37℃恒温箱培养 48 h。

6. 计算平均菌落数

按下式分别求出每套采样器的细菌数,再求 5 套采样器细菌数的平均值,即为所测环境空气微生物数。

$$每升空气中的细菌数 = \frac{1 \text{ mL 水中培养所得菌落数} \times 200}{10}$$

五、思考题

测定空气微生物时,选择采样点应考虑哪些因素?

实验 2-5　常见霉菌的检测与形态观察

一、实验目的

(1)学习霉菌的检测技术。
(2)掌握霉菌的制片方法。
(3)观察霉菌形态及各种孢子形态。

二、实验原理

霉菌由许多交织在一起的菌丝体构成。在潮湿条件下,霉菌生长繁殖成圆形、丝状、绒毛状、絮状或蜘蛛网状的菌丝体,并在形态及功能上分化成多种特殊结构。菌丝在显微镜下观察呈管状,有的有横隔膜分割为多细胞(如青霉、曲霉),有的没有横隔(如毛霉、根霉)。菌落较大,质地较疏松,颜色各异。菌丝体制片后可用低倍镜或高倍镜观察。观察菌丝直径大小、有无横隔膜,营养菌丝有无假根,无性繁殖或有性繁殖时形成的孢子种类及着生方式。

因霉菌的菌丝体较粗大、孢子易飞散,若将菌丝体置于水中易变形,故观察时将霉菌置于乳酸石炭酸溶液中,以保持菌丝体原形,使之不易干燥,并有杀菌作用。

三、实验仪器及材料

实验所需仪器有高压蒸汽灭菌器、生化恒温培养箱、净化工作台、恒温水浴、显微镜、玻璃器皿、1 000 mL 烧杯、500 mL 三角瓶、试管等。

实验所需材料有牛肉膏、蛋白胨、氯化钠、乳酸石炭酸、氢氧化钠、盐酸。

四、实验步骤

1. 培养基的制备
肉浸液培养基:蛋白胨 10 g,牛肉膏 20 g,氯化钠 5 g,蒸馏水 1 000 mL,pH 7.4～7.6。

称取上述各成分混合加热,充分溶解,用质量分数为 15% 的氢氧化钠溶液和质量分数为 10% 的盐酸调节 pH 为 7.4～7.6,置于高压蒸汽灭菌器 120℃灭菌 30 min,冷却,备用。

2. 操作步骤
(1)选用菌种:黄曲霉、黑根霉、白地霉、紫红曲霉。

（2）将冷却后的培养基融化后，倒入平皿至皿高的 1/2，凝固后，接种选用的菌种。

（3）将培养皿置于生化培养箱，恒温 37℃，培养 24 h。

（4）结果观察。观察长出青霉、黄曲霉、黑根霉平板中的菌落并描述其菌落特征。注意观察菌落的大小、菌丝高矮、生长密度、孢子颜色和菌落表面等状况，并与细菌、放线菌、酵母菌菌落比较。

（5）个体观察。取一小滴乳酸石炭酸溶液于干净的载玻片中央，用接种针从菌落边缘挑取少许菌丝体置于其中，将其摊平，轻轻从液滴一侧盖上盖片（注意勿出现气泡），置于低倍镜、高倍镜下观察。

紫红曲霉：观察菌丝体的分支状况，有无横隔。注意分生孢子梗及其分支方式、梗基、小梗及分生孢子的形状。

利用平板插片法，可观察到较为清晰的分生孢子穗，帚状分枝的层次状况及成串的分生孢子。平板接种后待菌落长出时斜插上灭菌盖片（角度为30°～45°）。盖片应插在菌落的稍前侧，经培养后盖片内侧可见到长有一薄层薄丝体。用镊子取下盖片，轻轻盖在滴有乳酸石炭酸溶液的载片上，即可观察。

黄曲霉：观察菌丝体有无横隔、足细胞，注意分生孢子梗、顶囊、小梗及分生孢子着生状况及形状。

黑根霉：观察无横隔菌丝（注意菌丝内常有气泡，不是横隔）、假根、葡萄枝、孢子囊柄、孢子囊及孢囊孢子。孢囊破裂后能观察到囊托及囊轴。

实验 2-6　土壤微生物的检测

一、实验目的

（1）学会土壤悬液的稀释方法。

（2）掌握土壤微生物数量的检测方法及分离技术。

（3）认识土壤微生物对有机物的生物化学作用。

二、实验原理

土壤具有微生物生长繁殖所需的一切营养物质和各种条件。土壤中微生物的数量和种类都很多，它们参与土壤中的氮、碳、硫、磷等的矿化作用，使地球上的这些元素能被循环使用。土壤微生物的活动对土壤的形成、土壤肥力和作物生产都有非常重要的作用。

三、实验仪器和试剂

（1）玻璃器皿：100 mL 广口瓶，500 mL 烧杯，300 mL 三角烧瓶，1 mL 移液管，平皿，

100 mL 量筒,1.8 cm×18 cm 试管,吸耳球。

(2)仪器:电子天平,生化恒温培养箱,高压蒸汽灭菌器,粘取器。

(3)培养基:琼脂培养基和查氏培养基。

琼脂培养基:牛肉膏 0.5 g、酵母膏 1 g、蛋白胨 2.5 g、氯化钠 2.5 g、琼脂 7.5 g,加水至 500 mL,调 pH 为 7.4。

查氏培养基:硝酸钠 1 g、磷酸氢二钾 0.5 g、氯化钾 0.25 g、硫酸镁 0.25 g、硫酸亚铁 0.005 g、蔗糖 15 g、琼脂 7.5~10 g、水 500 mL,调 pH 为 6.7。

(4)灭菌水、灭菌吸管。

(5)土壤样品、称量纸。

四、实验方法和步骤

1. 土壤样品的采集

使用泥土粘取器,在所需土层深度,取土壤 200~300 g(取样 1)。如无粘取器时,可用如下方法:用无菌的铲子,挖到所需深度,再用无菌的勺子,采集土壤 200~300 g。土样采完后,放入无菌的广口瓶内,注明采样的时间、地点、深度。

2. 样品处理

(1)将土样在广口瓶内摇匀后称取 10 g,放入无菌的广口瓶,加入 90 mL 无菌水,塞上灭菌塞子,在摇床上震荡 10 min,充分振摇均匀,制成土壤悬液。此样品为 10^{-1} 的稀释土壤悬液,为实验标准样品。

(2)按 10 倍稀释法,将上述土壤悬液稀释至 10^{-6} 的稀释土壤悬液。

3. 微生物培养

(1)分别吸取 10^{-2}、10^{-3} 的稀释土壤悬液 0.1 mL,至灭菌培养基中。

(2)将加热完全融化后冷却至 45℃ 的查氏琼脂培养基倾入已加有稀释土壤悬液的平皿中约 15 mL,摇匀后平置,待其固化。

(3)按同样方法吸取 10^{-5}、10^{-6} 的稀释土壤悬液 0.1 mL 至灭菌平皿中,倾入营养琼脂。

(4)查氏平板于 25℃ 培养 24 h,营养琼脂平板倒置后于 28℃ 培养 24 h。

4. 计数

根据平板上的菌落数与平皿中土壤悬液稀释倍数算得每克土壤中的微生物数量。

五、注意事项

(1)在营养琼脂平板上长出的菌落以土壤中的异养细菌占绝对优势,对偶然出现的霉菌和放线菌菌落可根据菌落外现形态特征的差异而将其排除,必要时可挑取菌落培养物制成悬滴标本后加以观察。

(2)查氏培养基含有 3‰ 蔗糖,它能抑制大多数细菌的生长;而霉菌和放线菌能忍受高渗透压,故能在这种培养基上生长。查氏培养基上的菌数为霉菌和放线菌的菌数。

六、思考题

(1)为什么说土壤是微生物最好的培养基?

(2)如何进行土壤中微生物的分离和计数?

实验 2-7　水中细菌总数的测定

一、实验目的

(1)掌握水样采集方法和水中细菌总数测定方法。

(2)了解水质评价的微生物学卫生标准。

二、基本原理

测定水样是否符合饮用水标准,通常主要包括两个细菌学指标:每毫升水的细菌总数和每升水的总大肠菌群数。水中的细菌总数可以用来说明水体卫生状况和被有机物污染的程度。细菌总数是指 1 mL 水样加入普通琼脂培养基中,37℃下培养 24 h 后生长出的菌落数。我国规定 1 mL 生活饮用水中细菌总数不能超过 100 个。本实验采用平板菌落计数法测定水中细菌总数。

三、实验器材

(1)牛肉膏蛋白胨培养基,灭菌水。

(2)仪器及用具:无菌的带玻璃塞瓶,无菌培养皿,灭菌吸管,无菌试管,三角烧瓶等。

四、实验步骤

1. 水样采集

(1)自来水收集:事先将水龙头用火焰烧灼 3 min,放水 5 min,用无菌三角烧瓶接取水样。

(2)湖水、河水或池水采集:将灭菌的带玻璃塞瓶的瓶口向下浸入池水、河水或湖水中至距水面 10~15 cm 的深层,然后翻转过来,除去玻璃塞。盛满水后,将瓶塞塞好,再从水中取出。水样须立即进行检测,否则须放入冰箱保存。

2. 细菌总数测定

自来水细菌总数测定步骤如下:

(1)接种:取 2 个培养皿,分别通过无菌操作用吸管吸取 1 mL 水样,注入培养皿中。

(2)倒平板:将已融化并冷却到 45℃左右的无菌牛肉膏蛋白胨琼脂培养基 15 mL 倒

入已加水样的培养皿中,将平皿在桌面上轻轻旋摇,使水样与培养基混匀。

(3)倒空白平板:另取一无菌平皿,与(2)同法倒平板,不接种,作为空白对照。

(4)培养:培养基凝固成平板后置于恒温培养箱 37℃培养 24 h。

(5)观察、计数:两个平板的菌落数平均值即为 1 mL 水样的细菌总数。

湖水、河水或池水细菌总数测定步骤如下:

(1)编号:取 3 支试管,分别编号 1 号、2 号、3 号。

(2)水样稀释:3 支试管内分别加入 9 mL 灭菌水,取 1 mL 水样加入 1 号试管内,摇匀;再自 1 号试管内取 1 mL 水加入 2 号管,摇匀;再自 2 号管取 1 mL 水样加入 3 号管,摇匀,如此进行梯度稀释,得到 10^{-1}、10^{-2}、10^{-3} 3 个连续稀释度。稀释倍数据水样污浊程度而定,以培养后平板的菌落数在 30～300 个的稀释度最为合适。若 3 个稀释度的菌落均多到无法计数或少到无法计数,则需继续稀释或减小稀释倍数,甚至不稀释。一般中等污染水样,取 10^{-1}、10^{-2}、10^{-3} 3 个连续稀释度,污染严重的取 10^{-2}、10^{-3}、10^{-4} 3 个连续稀释度。

(3)接种:在最后 3 个稀释度的试管中,用无菌吸管各取 1 mL 稀释样品,加入空的灭菌培养皿中,立即放在桌上摇匀。

(4)倒平板:方法同自来水细菌总数测定步骤(2)。每个稀释度做 2～3 个平板。

(5)培养:平板凝固后倒置于 37℃恒温培养箱中培养 24 h。

3. 观察、菌落计数

(1)平板菌落数的选择:应选择菌落数为每皿 30～300 个的稀释倍数计数。先计算相同稀释度的平均菌落数。若其中一个平板有较大片状菌苔生长时,则不应采用,而应以无片状菌苔生长的平板作为该稀释度的平均菌落数。若片状菌落的大小约为平板的一半,而另一半菌落分布又很均匀时,则可按半个平板上的菌落数的 2 倍作为全平板的菌落数,然后再计算该稀释度的平均菌落数。

(2)稀释度的选择:①当只有一个稀释度的平均菌落数符合每皿 30～300 个时,该平均菌落数乘其稀释倍数即为该水样的细菌总数(表 2-2 例次 1)。②若有两个稀释度的平均菌落数均在每皿 30～300 个,则由稀释度低的平均菌落数与稀释度高的平均菌落数的比值来决定。比值若小于 2,应采取两者的平均数(表 2-2 例次 2);若大于 2,则取其中较小的菌落数(表 2-2 例次 3)。③若所有稀释度的平均菌落数均大于每皿 300 个,则应按稀释度最高的平均菌落数乘以稀释倍数作为该水样的细菌总数(表 2-2 例次 4)。④若所有稀释度的平均菌落数均小于每皿 30 个,则应按稀释度最低的平均菌落数乘以稀释倍数作为该水样的细菌总数(表 2-2 例次 5)。⑤若所有稀释度的平均菌落数均不在每皿 30～300 个的范围,则以最接近每皿 300 或 30 个的平均菌落数乘以稀释倍数作为该水样的细菌总数(表 2-2 例次 6)。

表 2-2 稀释度选择及菌落总数结果报告方式

例次	不同稀释度的平均菌落数/个			两个稀释度菌落数之比	菌落总数/(CFU/mL)	报告方式/(CFU/mL)
	10^{-1}	10^{-2}	10^{-3}			
1	1 365	164	20	—	16 400	16 000 或 1.6×10^4
2	2 760	295	46	1.6	37 750	38 000 或 3.8×10^4
3	2 890	271	60	2.2	27 100	27 000 或 2.7×10^4
4	无法计算	4 650	513	—	513 000	510 000 或 5.1×10^5
5	27	11	5	—	270	270 或 2.7×10^2
6	无法计算	305	12	—	30 500	31 000 或 3.1×10^4

4. 菌落数的报告

菌落数在 100 以内时按实有数据报告。菌落数大于 100 时,则采用两位有效数字,两位有效数字后面的位数,四舍五入。为了简化,也可用科学计数法来表示水样的细菌总数(表 2-2)。菌落数为"无法计数"时,应注明水样的稀释倍数。

五、思考题

(1)我国的饮用水的细菌学卫生标准是什么?

(2)测定水中细菌总数有何意义?

实验 2-8 多管发酵法(MPN 法)检测水中大肠菌群

一、实验目的

(1)掌握多管发酵法检测水中大肠菌群的方法。

(2)了解大肠菌群数量在饮用水中的意义及其生化特性。

二、基本原理

水中致病菌的数量较少,检测难度很大。大肠菌群是人和动物体内的正常菌群,在水中的数量与致病菌的数量呈正相关,而且大肠菌群的数量比较多,比较容易检测,所以,通常用大肠菌群的数量作为水的细菌学卫生标准。大肠菌群是一群好氧和兼性厌氧、革兰氏阴性、无芽孢的杆状细菌,在乳糖培养基中于 37℃ 培养 24~48 h 能产酸产气(很多其他的细菌无此现象)。据水中大肠菌群的数量可以判断水源是否被粪便污染,并可间接推测水源受肠道病原菌污染的可能性。在乳糖培养基中倒置一支德汉氏小套管收集产生的气体。在培养基内加溴甲酚紫作为指示剂,细菌产酸后,培养基即由原来的紫色变为黄色。据此来鉴别水中的大肠菌群,再结合一定的技术手段,借助专门的统计表,就能得到水中的大肠菌群数量。

我国规定每升生活饮用水中大肠菌群数不能超过 3 个;若只经过加氯消毒即供作生活饮用水的水源水,大肠菌群数平均 1 mL 不得超过 1 000 个;经过净化处理及加氯消毒后供作生活饮用水的水源水,其大肠菌群数平均 1 mL 不得超过 10 000 个。

总大肠菌群的检测方法主要有多管发酵法(MPN 法)和滤膜法。多管发酵法被称为水的标准分析法,即将一定量的样品接种到乳糖发酵管,据发酵反应的结果,确定大肠菌群的阳性管数后,在检索表中查出大肠菌群的近似值。该法较复杂。多管发酵法适用于饮用水、水源水,尤其是混浊度高的水中总大肠菌群的测定。滤膜法是一种快速的替代方法,能测定大体积的水样,但只局限于饮用水或较洁净的水。目前,在一些大城市的水厂常采用滤膜法。本实验用多管发酵法检测水中大肠菌群。

多管发酵法检测大肠菌群的数量一般分为 3 步:初发酵试验,平板分离,复发酵试验。

1. 初发酵试验

将水样接种于发酵管内,37℃下培养,24 h 内小套管中有气泡生成,并且培养基混浊,颜色改变,说明水中存在大肠杆菌,结果阳性。但也有产酸不产气和 48 h 后才产气的现象,这就需要做平板分离和复发酵试验,才能确定是否属大肠菌群。

2. 平板分离

经 24 h 培养后,将产酸产气的发酵管,分别划线接种于伊红-亚甲蓝琼脂平板上,在于 37℃培养箱内培养 18~24 h。将符合下列特征的菌落的一部分,进行涂片、革兰氏染色、镜检:深紫黑色,有金属光泽;紫黑(绿)色、不带或略带金属光泽;淡紫红色、中心颜色较深;紫红色。

3. 复发酵试验

经涂片、染色、镜检,如为革兰氏阴性无芽孢杆菌,则挑取该菌落的另一部分,重新接种于普通浓度的乳糖胆盐发酵管中,每管可接种来自同一初发酵管的同类型菌落 1~3 个,37℃培养 24 h。结果若产酸又产气,即证实有大肠菌群存在。根据初步发酵的大肠菌群存在的发酵管数,查阅专门的统计表,得到大肠菌群数量。

三、实验器材

1. 试剂

(1)蛋白胨,牛肉膏,乳糖,氯化钠,质量浓度为 16 g/L 的溴甲酚乙醇溶液,蒸馏水,磷酸氢二钾,琼脂,无水亚硫酸钠,质量浓度为 50 g/L 碱性品红乙醇溶液,质量浓度为 20 g/L 的伊红水溶液及质量浓度为 5 g/L 的亚甲蓝水溶液,质量浓度为 100 g/L 的氢氧化钠溶液、体积分数为 10% 的盐酸(原液为 36%),精密 pH 试纸(6.4~8.4),质量浓度为 15 g/L 的硫代硫酸钠溶液,灭菌水等。

(2)自来水(或受粪便污染的河、湖水):400 mL。

2. 染色剂

革兰氏染色液:草酸铵结晶紫,革兰氏碘液,体积分数为 95% 的乙醇、番红染液。

3. 仪器及其他用具

高压蒸汽灭菌器,恒温培养箱,显微镜,锥形瓶(500 mL)1 个,试管(18 mm×180 mm)6~7 支,移液管 1 mL 的 2 支和 10 mL 的 1 支,带玻璃瓶塞,培养皿 10 套,接种环 1 个,试管架 1 个,吸管,乳糖胆盐发酵管,三倍浓缩乳糖蛋白胨发酵管(瓶)(内有倒置小倒管)等。

四、实验准备

(一)培养基配制

1. 乳糖蛋白胨培养基(初发酵、复发酵使用)

蛋白胨 10 g,牛肉膏 3 g,乳糖 5 g,氯化钠 5 g,质量浓度为 16 g/L 的溴甲酚乙醇溶液 1 mL,蒸馏水 1 000 mL,pH 为 7.2~7.4。为了抑制革兰氏阳性菌生长,促进革兰氏阴性菌生长,配制时往往加入胆盐(3 g/L)。

分别称量上述各组分,加热溶解于 1 000 mL 蒸馏水,pH 调至 7.2~7.4;加入溴甲酚紫乙醇溶液 1 mL,混匀;每管 10 mL 分装于试管中;取一小倒管倒放入试管内;管口塞上棉塞,包装,置于高压灭菌器 115℃、压力 0.072 MPa 灭菌 20 min;取出放于阴凉处备用。

2. 三倍浓缩乳糖蛋白胨培养液(供初发酵用)

按上述乳糖蛋白胨培养基的配方,浓缩 3 倍配制,每试管装 5 mL(初发酵时加入 10 mL 水样);也可配制双料乳糖蛋白胨培养液,每试管装 10 mL(初发酵时加入 10 mL 水样)。在每管内倒放一个小倒管,管口塞好棉塞,包装,灭菌(115℃、0.072 MPa)20 min。

为节省时间,也可购买商品乳糖蛋白胨脱水培养基,较方便。

3. 伊红-亚甲蓝培养基(供平板划线用)

(1)组分:蛋白胨 10 g,乳糖 10 g,磷酸氢二钾 2 g,琼脂 20~30 g,蒸馏水 1 000 mL,质量浓度为 20 g/L 的伊红水溶液 20 mL,质量浓度为 5 g/L 的亚甲蓝水溶液 13 mL。

(2)配制:将蛋白胨、磷酸氢二钾、琼脂按上述份额称量、溶解于 1 000 mL 蒸馏水,调整 pH 为 7.2,加入乳糖,溶解、混匀、分装,在 0.072 MPa、115℃ 条件下用高压灭菌器灭菌,待用。使用前加热融化培养基,冷却至 50℃~55℃ 时,加入伊红和亚甲蓝水溶液,混匀,倒平板。

目前,伊红-亚甲蓝培养基在市面上也有销售,使用方便。

(二)水样收集

1. 自来水采集

自来水采集时先将水龙头用火焰烧灼 3 min,放水 5 min,以无菌三角烧瓶接取水样。若经氯处理的水中含有余氯,会减少水中细菌数量,采样瓶在灭菌前需加入硫代硫酸钠,以消除余氯。硫代硫酸钠的用量据采样瓶容量而定。若容量瓶 500 mL,加入质量浓度为 15 g/L 的硫代硫酸钠溶液 1.5 mL,可消除质量浓度为 2 mg/L 的 450 mL 水样中的全部氯量。

2. 湖、河、井水、海水的采集

将灭菌的带玻璃塞瓶的瓶口向下浸入池水、井水、海水、河水或湖水中距水面 10～15 cm 的深层,然后翻转过来,除去玻璃塞。盛满水后,将瓶塞塞好,再从水中取出。水样须立即进行检测。

也可用特制的采样器。采样器有很多种类,图 2-4 是其中一种。该采样器是一金属框,内装玻璃瓶,其底部装有重沉坠,可据需要下沉到一定深度。瓶盖上系有绳索,拉起绳索,即可打开瓶盖;松开绳索,瓶盖即自行塞好瓶口。水样采集后将水样瓶取出。若测定好氧微生物,则应立即改换无菌棉花塞。

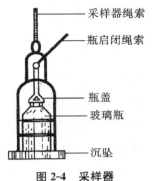

采样器绳索
瓶启闭绳索
瓶盖
玻璃瓶
沉坠

图 2-4 采样器

(三)水样的处理

水样采集后,应迅速送回实验室马上检验。若不立即检验,则应放在 4℃冰箱内保存。若无低温保存条件,则应在报告中标注水样采集与检验间隔时间。较清洁的水可在 12 h 以内检测,污水要在 6 h 内完成检测。

五、实验步骤

1. 生活饮用水中大肠菌群的测定

(1)初发酵试验:对已经处理过的出厂自来水,需经常检验或每天检验一次的,可做 5 份 10 mL 的水样,即通过无菌操作在 5 支装有 5 mL 3 倍乳糖蛋白胨培养液的发酵管(或 10 mL 双料乳糖蛋白胨培养液)中各加入 10 mL 水样,混匀后置于 37℃恒温箱中培养 24 h,观察其产酸产气情况(图 2-5)。

结果分析:①若培养基紫色,没变为黄色,说明不产酸;小倒管没有气体,说明不产气。此为阴性反应,表明水中无大肠菌群。②若培养基由紫色变为黄色,小倒管有气体,说明产酸产气。此为

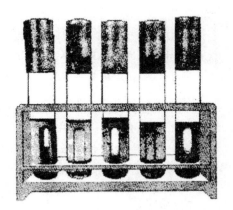

图 2-5 MPN 法测定大肠菌群
初发酵的结果

阳性反应,表明水中有大肠菌群。③若培养基由紫色变为黄色,说明产酸;小倒管没有气体,说明不产气。此仍为阳性反应,表明水中有大肠菌群。④若小倒管有气体,培养基为紫色,也不混浊,说明操作有问题,应重做检验。

结果为阳性,说明水可能被粪便污染,需进一步检验。

(2)确定性实验:用平板划线分离,将培养 24 h 后产酸(培养基呈黄色)、产气或只产酸而不产气的发酵管取出,通过无菌操作,用接种环挑取一环发酵液于伊红-亚甲蓝培养基平板上划线分离;共做 3 个平板。将已接种的平板置于恒温培养箱在 37℃下培养 18～24 h,观察菌落特征。若平板上长出的菌落具备如下特征,经涂片和革兰氏染色,结果为革兰氏阴性的无芽孢杆菌,则表示水中有大肠菌群。

大肠菌群在伊红-亚甲蓝培养基平板上具有的菌落特征:①深紫黑色,具有金属光泽的菌落;②紫黑(绿)色,湿润光亮,不带或略带金属光泽的菌落;③淡紫红色,中心色较深的菌落;④紫红色的菌落。

(3)复发酵试验:通过无菌操作,用接种环挑取有上述菌落特征、革兰氏阴性的菌落接种于装有 10 mL 普通浓度的发酵培养基内,每管可挑取同一平板上(即同一初发酵管)的 1～3 个典型菌落的细菌。将接种的培养基置于恒温培养箱 37℃培养 24 h,有产酸、产气者证明有大肠菌群,该发酵管则为阳性管。据阳性管数及实验所用的水样量,即可运用数理统计原理计算出每 100 mL(或每升)水样中大肠菌群的最大可能数目(most probable number,MPN),见下式:

$$MPN = \frac{1\,000 \times 阳性管数}{\sqrt{阴性管数水样体积(mL) \times 全部水样体积(mL)}}$$

MPN 的数据并非水中实际大肠菌群的绝对浓度,而是浓度的值。为了便于使用,现已制成检索表。根据证实有大肠杆菌群存在的阳性管(瓶)数可直接查阅检索表(附录七中附录-表 5),即得结果。

2. 水源水中大肠菌群的测定方法之一

(1)稀释水样:据水源水的清洁程度确定水样的稀释倍数。除了严重污染水外,一般稀释度可确定为 10^{-1} 和 10^{-2},稀释方法同实验 2-7 中水样稀释法。

(2)初发酵实验:以下均需无菌操作。用移液管吸取 1 mL 10^{-2}、10^{-1} 稀释水样及 1 mL 原水样,分别移至装有 10 mL 普通浓度乳糖蛋白胨培养基的发酵管中,另取 10 mL 原水样注入盛有 5 mL 3 倍浓缩乳糖蛋白胨培养基的发酵管中(若较清洁的水样,可再取 100 mL 水样注入盛有 50 mL 3 倍浓缩乳糖蛋白胨培养基的发酵瓶中)。将发酵管置于恒温培养箱 37℃培养 24 h,观察结果。之后实验步骤同生活饮用水的测定。

六、思考题

(1)利用多管发酵法检测大肠菌群的原理是什么?

(2)为何选用大肠菌群作为水的卫生指标?

实验 2-9　滤膜法检测水中大肠菌群

一、实验目的

(1)掌握滤膜法检测水中大肠菌群的方法。

(2)了解大肠菌群数量在饮用水中的意义及其生化特性。

二、基本原理

总大肠菌群的检测方法主要有多管发酵法和滤膜法。多管发酵法(MPN 法)被称为水的标准分析法,该法较烦琐,适用于饮用水、水源水,尤其是混浊度高的水中总大肠菌群的测定。滤膜法是一种快速的替代方法,能测定大体积的水样,但只局限于饮用水或较洁净的水。直接从所用的滤膜培养基上数出的菌落数即为检测结果。目前,在一些大城市的水厂常采用此法。

滤膜是一种微孔薄膜,直径一般为 3.5 cm 或 4.7 cm,厚度为 0.1 mm,孔径为 0.45～0.65 μm,能滤过大量水样,并将水中含有的细菌截留在滤膜上。将滤膜贴在添加乳糖的鉴别培养基上,37℃恒温培养 24 h 后,直接计数在滤膜上生长的典型大肠菌群菌落,计算出每 100 mL 水样中含有的总大肠菌群数。

三、实验器材

除了多管发酵法的器材(实验 2-8)外,还有过滤器,抽滤设备,无菌镊子,培养皿(Φ60 mm)和滤膜(直径 3.5 cm 或 4.7 cm)等。

四、实验准备

1. 品红亚硫酸钠培养基

品红亚硫酸钠培养基即远滕氏培养基,供滤膜法用。

(1)配方:蛋白胨 10 g,酵母浸膏 5 g,牛肉膏 5 g,乳糖 10 g,磷酸氢二钾 3.5 g,琼脂20 g,蒸馏水 1 000 mL,无水亚硫酸钠 5 g 左右,质量浓度为 50 g/L 的碱性品红乙醇溶液 20 mL。

(2)储备培养基的制备:将琼脂加入 900 mL 蒸馏水中加热溶解,再分别称取磷酸氢二钾及蛋白胨、酵母浸膏、牛肉膏,混匀,溶解,补足蒸馏水至 1 000 mL,调整 pH 为 7.2～7.4。趁热用脱脂棉或绒布过滤(无杂质可不过滤),再加入乳糖,混匀,定量分装于锥形瓶内,包装,0.072 MPa、115℃灭菌 15～20 min。放于阴暗处备用。

(3)平板培养基的配制:将储备培养基融化。用无菌移液管吸取一定量的质量浓度为 50 g/L 的碱性品红乙醇溶液于无菌空试管中。按比例称取所需的无水亚硫酸钠置于另一无菌空试管中,加入无菌水少许,使其溶解后置于沸水浴中煮沸 10 min 灭菌。用无菌移液管吸取无水亚硫酸钠溶液,滴加于碱性品红乙醇溶液至深红色褪成淡粉色为止。将此亚硫酸钠与碱性品红的混合液全部加到已融化的储备培养基中,充分混匀,倒平板,备用(若存冰箱不宜超过 2 周)。如果培养基已由淡粉色变成深红色,则不能再用,需重新配制。

本培养基可不加琼脂,制成液体培养基,使用时加 2~3 mL 于灭菌吸收垫上,再将滤膜置于吸收垫上培养。

2. 乳糖蛋白胨培养液

同实验 2-8 中乳糖蛋白胨培养基的配制。

3. 乳糖蛋白胨半固体培养基

蛋白胨 10 g,酵母浸膏 5 g,牛肉膏 5 g,乳糖 10 g,酵母浸膏 5 g,琼脂 5 g,蒸馏水 1 000 mL,pH 7.2~7.4。

灭菌:0.072 MPa 压力下 115℃灭菌 15~20 min。

五、实验步骤

1. 滤膜和滤器灭菌

滤膜灭菌时,将滤膜放入烧杯中,加入蒸馏水,置于沸水浴中煮沸灭菌(间歇灭菌)3 次,每次 15 min。前两次煮沸后需更换蒸馏水洗涤 2~3 次,除去残留溶剂。

滤器灭菌。将滤器置于高压灭菌器,121℃、0.103 MPa 灭菌 20 min。

2. 过滤水样

用无菌镊子夹住滤膜边缘,粗糙面向上,贴在滤器上。固定好滤器,将 100 mL 水样(若水样含菌多,可减少过滤水样量)注入滤器中,加盖,打开滤器阀门,在 -5.07×10^4 Pa(-0.5 atm)下抽滤。

3. 培养

水样过滤后,再抽气 5 s。关上滤器阀门,取下滤器。用镊子夹住滤膜边缘移放在品红亚硫酸钠培养基平板上,滤膜截留细菌面向上。滤膜应与培养基完全贴紧,两者间不得留有气泡。倒置平皿,置于恒温培养箱 37℃培养 22~24 h。

4. 观察结果

挑取符合如下特征的菌落,进行涂片、革兰氏染色、镜检:①深紫黑色,具有金属光泽的菌落;②紫黑色,不带或略带金属光泽的菌落;③淡紫红色,中心颜色较深的菌落;④紫红色的菌落。

将具备上述特征、革兰氏染色阴性、无芽孢杆菌接种到乳糖蛋白胨培养液或乳糖蛋白胨半固体培养基。经 37℃培养,前者于 24 h 内产酸产气者,或后者经 6~8 h 培养产气者,均为大肠菌群。据滤膜上生长的大肠菌群菌落数和过滤的水样体积,即可计算出每 100 mL 水样中的大肠菌群数,得出实验结果。计算公式如下:

$$每 100 \text{ mL 水样中总大肠菌群数(CFU)} = \frac{平皿上数出的总大肠菌菌落数 \times 100}{过滤的水样体积(\text{mL})}$$

对于不同来源和不同水质的水样,采用滤膜法测定大肠菌群应考虑过滤不同体积的水样,以便得到较好的实验数据。

六、思考题

试比较滤膜法与多管发酵法检测大肠菌群有哪些不同?

实验 2-10　富营养化湖泊中藻类的监测(叶绿素 a 法)

一、实验目的

(1)掌握藻类的检测方法。

(2)通过测定不同水体中藻类叶绿素 a 浓度,分析其富营养化情况。

二、实验原理

叶绿素 a 法是生物监测浮游藻类的一种方法。富营养化水体中藻类叶绿素 a 质量浓度往往大于 10 μg/L。因此,测定水体中叶绿素 a 的浓度,即可知道藻类的含量。根据叶绿素的光学特征,叶绿素分为 a、b、c、d、e 5 类,其中叶绿素 a 存在于所有的浮游藻类中,是最重要的一类。叶绿素 a 的含量,在浮游藻类中大约占有机质干重的 1%～2%,是估算藻类生物量的一个良好指标。湖泊富营养化的叶绿素 a 评价标准见表 2-3。

表 2-3　湖泊富营养化的叶绿素 a 评价标准

指标	贫营养型	中营养型	富营养型
叶绿素 a/(μg/L)	<4	4～10	10～100

三、实验器材

(1)分光光度计(波长选择大于 750 nm,精度为 0.5～2 nm)。

(2)比色杯(1 cm、4 cm 两种规格)。

(3)台式离心机(3 500 r/min),冰箱。

(4)离心管(15 mL,具刻度和塞子)。

(5)匀浆器或小研钵。

(6)蔡氏滤器,滤膜(孔径 0.45 μm,直径 47 mm)。

(7)真空泵(最大压力不超过 300 kPa)。

(8)碳酸镁悬液:1 g 碳酸镁细粉悬于 100 mL 蒸馏水中。

(9)90% 的丙酮溶液。

（10）两种不同污染程度的湖水水样（A、B）各 2 L。

四、实验步骤

1. 水样采集

按浮游植物采样方法，湖泊、水库采样 500 mL。

2. 清洗玻璃仪器

整个实验中所使用的玻璃仪器应全部用洗涤剂清洗干净，尤其应避免酸性条件下而引起的叶绿素 a 分解。

3. 过滤水样

在蔡氏滤器上装好滤膜，每种测定水样取 50～500 mL 减压过滤。待水样剩余若干毫升之前加入 0.2 mL 碳酸镁悬液，摇匀直至抽干水样。加入碳酸镁可增进藻细胞滞留在滤膜上，同时还可防止提取过程中叶绿素 a 被分解。如过滤后的载藻滤膜不能马上进行提取处理，应将其置于干燥器内，放冷（4℃）暗处保存，放置时间最多不能超过 48 h。

4. 提取

将滤膜放于匀浆器或小研钵内，加 2～3 mL 90％的丙酮溶液，匀浆，以破碎藻细胞。用移液管将匀浆液移入具刻度的离心管中，用 5 mL 体积分数为 90％丙酮溶液冲洗 2 次。向离心管中补加 90％丙酮溶液，使管内总体积为 10 mL。塞紧塞子并在管子外部罩上遮光物，充分振荡，放冰箱避光提取 18～24 h。

5. 离心

提取完毕后，置离心管于台式离心机上以 3 500 r/min 的转速离心 10 min。取出离心管，用移液管将上清液移入具刻度的离心管中，塞上塞子，以 3 500 r/min 的转速再离心 10 min。正确记录提取液的体积。

6. 测定光密度

藻类叶绿素 a 具有独特的吸收光谱（663 nm），因此可以用分光光度法测其含量。用移液管将提取液移入 1 cm 比色杯中，以 90％的丙酮溶液作为空白，分别在 750 nm、663 nm、645 nm、630 nm 波长下测提取液的光密度值（OD）。注意：样品的 OD_{663} 值要求在 0.2～1.0。如不在此范围内，应调换比色杯，或改变过滤水样量。OD_{663} 小于 0.2 时，应该用较宽的比色杯或增加水样量；OD_{663} 大于 1.0 时，可稀释提取液或减少水样滤过量，使用 1 cm 比色杯比色。

7. 叶绿素 a 浓度计算

将样品提取液在 663 nm、645 nm、630 nm 波长下的光密度值（OD_{663}，OD_{645}，OD_{630}）分别减去在 750 nm 下的光密度值（OD_{750}），此值为非选择性本底物光吸收校正值。叶绿素 a 浓度计算公式如下。

（1）样品提取液中的叶绿素 a 浓度 $\rho_{a提取液}$ 为：

$$\rho_{a提取液}(\mu g/L) = 11.64(OD_{663} - OD_{750}) - 2.16(OD_{645} - OD_{750}) + 0.1(OD_{630} - OD_{750})$$

（2）水样中叶绿素 a 浓度为：

$$\rho_{\text{叶绿素a}}(\mu g/L)=\rho_{\text{a提取液}}\times V_{\text{丙酮}}/V_{\text{水样}}$$

式中，$\rho_{\text{叶绿素a}}$ 为样品提取液中叶绿素 a 浓度（$\mu g/L$），$V_{\text{丙酮}}$ 为体积分数 90% 丙酮提取液体积（mL），$V_{\text{水样}}$ 为过滤水样的体积（mL）。

这是传统的化学方法检测叶绿素 a。现在还有一些简便的仪器方法检测，如美国安诺实验室的 ChloroTech121 系列手持式叶绿素测定仪检出限也很低，可达到 ppb 级。双通道同时测定叶绿素 a 和浊度，浊度数据对叶绿素 a 数据可起到修正功能。

五、思考题

（1）试比较两种水样的污染程度。

（2）实验中应注意哪些问题以提高测定数据的准确性？

实验 2-11 活性污泥代谢活性测定

一、实验目的

（1）学习好氧活性污泥代谢活性测定的方法。

（2）掌握瓦勃氏呼吸仪的使用技术。

二、基本原理

在很大程度上，一个污水生物处理系统的效能取决于反应器内的污泥数量和污泥活性。测定污泥活性对于反应器的设计和运行具有重要的指导意义。好氧生物在降解有机物的过程中，需要消耗氧气。测定单位时间内活性污泥的耗氧量，可在一定程度上反映活性污泥的代谢活性。

瓦勃氏呼吸仪是一种定容呼吸测定计。在一个定容的密闭系统（包括反应瓶和测压计）内，气体数量的任何改变都表现为压力改变，可由测压计测得。由于微生物在呼吸作用中既消耗氧气又释放二氧化碳，因此测压计上显示的压力改变是两者的净结果。如果在此密闭系统中事先加入碱（如氢氧化钾）吸收二氧化碳，则测压计上显示的压力改变便是耗氧结果。

三、实验器材

（1）模拟污水：COD 约为 400 mg/L。

（2）活性污泥：从城市污水处理厂曝气池取样。将 100 mL 混合液放入量筒，使之自然沉降 30 min，弃上清液，用生理盐水洗涤 3 次，最后将污泥悬浮于磷酸盐缓冲液中，稀释至原体积（100 mL），备用。

（3）仪器及用具：瓦勃氏呼吸仪（详见本实验后附注简介）、烘箱、天平、马弗炉、量筒、烧杯、吸管、坩埚、镊子等。

（4）试剂：磷酸缓冲液（pH 7.2），10％氢氧化钾溶液，Brodie 指示液（详见本实验后附注简介）。

四、实验步骤

（一）污泥浓度测定

（1）取一定量活性污泥混合液于坩埚中，置高温水浴内蒸干，再放入 105℃左右的烘箱内烘至恒重，测定污泥悬浮固体（MLSS）含量。

（2）将烘干品放入马弗炉，在 550℃下灰化 1 h，测定污泥挥发性悬浮固体（MLVSS）含量。

（二）耗氧量测定

1. 调节反应温度

在瓦勃氏呼吸仪的恒温水槽内，加入一定量的自来水，使水面距上缘 6～8 cm。开启加热开关，将水浴温度提升到所需温度（一般为 25℃）。

2. 试验振荡装置

开启振荡开关，调试瓦勃氏呼吸仪的振荡装置，看是否正常。试毕关闭振荡开关。

3. 添加吸收液

取 6 只已知体积的反应瓶。按照表 2-3，在 4 只反应瓶的中央井中加入 10％氢氧化钾溶液 0.2 mL，并取一片长约 2 cm 的滤纸，卷成筒状，将镊子插入中央井内，以增加氢氧化钾对二氧化碳的吸收面积。另 2 只反应瓶中央井不加吸收液。

4. 添加缓冲液

按表 2-4，在各反应瓶主杯内（非中央井内）加入缓冲掖。

表 2-4　污泥活性实验组合

试验组	瓶号	主杯	侧杯	中心杯	
		污泥混合液/mL	缓冲液/mL	基质/mL	10％KOH/mL
温压校正组	1		2.2		
	2		2.2		
内源呼吸组	3	1	1.0		0.2
	4	1	1.0		0.2
基质呼吸组	5	1	0.5	0.5	0.2
	6	1	0.5	0.5	0.2

5. 添加样品

按表2-4,在4只加好吸收液和缓冲液的反应瓶主杯内,加入活性污泥样品1 mL,并在其中2只侧杯内加入废水样品0.5 mL。关好侧杯阀。

6. 组装和调整反应系统

将6只反应瓶连接在相应的测压管上,用橡皮筋扎紧后一起固定在恒温水浴槽支架上。打开放空阀,调节测压管内指标液至250 mm处。开启振荡开关,让反应瓶在水浴中稳定10 min。10 min后关闭振荡开关,再次调节测压管内指标液至250 mm处。关闭放空阀。取出反应瓶,将侧杯内的样品小心倾入反应瓶主杯中。放回加样反应瓶,重新固定在恒温水浴槽支架上。开启振荡开关并开始计算反应时间。

7. 记录耗氧数据

根据实验方案,每隔10 min停止振荡,记录瓦勃氏呼吸仪测压管指示液液面的读数,填入表2-5。

表2-5 污泥活性实验记录

| 实验组 | 瓶号 | 测压管液面计数/mm | | | | | | | 备注 |
		0 min	10 min	20 min	30 min	40 min	50 min	60 min	
温压校正组	1								
	2								
内源呼吸组	3								
	4								
基质呼吸组	5								
	6								

(三)污泥活性计算

1. 耗氧量

各反应瓶的耗氧量可由下式计算:

$$V_{O_2} = h \left| \frac{(V_g - V_f)\frac{273}{T} + V_f\alpha}{P_0} \right|$$

式中,V_{O_2}为标准状态(0℃,1 atm)下反应瓶的耗氧量(mL);h为测压管指示液液面的变化值(mm);V_g为反应系统的气体体积(mL,需在实验前测出);V_f为反应瓶内的液体体积(mL);T为温度(℃),数值等于273℃加上水浴温度;α为在实验温度下,某一气体在反应液中的溶解度(氧气在水中的溶解度见表2-6);P_0为测压管指示液的标准压力(mm),一般采用$P=1\,000$ mm的指示液。

表 2-6 氧的溶解度

(在 1 atm 即 1.01×10^5 Pa 下,1 mL 水中溶解氧气的体积)

温度/℃	α_{O_2}/mL	温度/℃	α_{O_2}/mL
10	0.037 9	30	0.026 1
15	0.034 4	35	0.024 4
20	0.030 9	37	0.023 4
25	0.028 4	40	0.023 1

2. 污泥活性

活性污泥的耗氧活性可由下式计算:

$$v_{O_2} = \frac{V_{O_2} \times \gamma \times 60 \times 1\,000}{\Delta t \times V_f \times X}$$

式中,v_{O_2} 为污泥活性,即单位时间内单位混合液污泥所消耗的氧质量数(g/gVS·h);V_{O_2} 为反应瓶的耗氧量(mL);γ 为实验温度下氧气的容重(g/mL);60 为时间由小时转化成分钟的系数;1 000 为反应瓶内液体体积由 mL 转化为 L 的系数;Δt 为反应时间(min);V_f 为反应瓶内的液体体积(mL);X 为污泥混合液挥发性悬浮固体浓度(gMLVSS/L)。

五、注意事项

(1)测定过程中,反应系统应与外界隔绝,各连接口均应密封。

(2)测定前,让反应瓶全部浸在恒温槽中,使反应瓶内外液温平衡。

六、思考题

用瓦勃氏呼吸仪测定污泥耗氧量时,为何要加入碱吸收二氧化碳?

附文

1. 瓦勃氏呼吸仪

瓦勃氏呼吸仪主要由玻碘反应瓶及与之相连的 U 形测压管组成(图 2-6),并配有恒温水浴槽、搅拌器和振荡机。

恒温水槽由电加热,自动调控。搅拌器保持水温均匀(水温变化小于±0.1℃)。振荡机摇动反应瓶,促进混合。

反应瓶(图 2-7)是一个锥形玻璃瓶,内部底上设有中央井,中央井四周为主杯;旁边设有侧杯,杯口配有磨口玻璃塞。

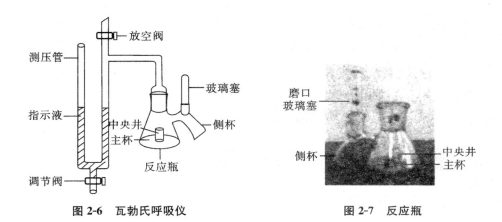

图 2-6　瓦勃氏呼吸仪　　　　　图 2-7　反应瓶

测压管两臂标有以 mm 为单位的刻度。测压管的一臂与大气相通,称为开臂;另一臂与反应瓶相连,关闭上端的三通活塞可使此臂与外界隔绝,称为闭臂。U 形测压管底部与指示液囊相连,可以调节测压管内的指示液的液面高度。

2. 指示液

指示液采用 Brodie 溶液,其配方如下:蒸馏水 500 mL,氯化钠 32 g,牛胆酸钠 5 g,伊文氏蓝或酸性品红等染料 0.1 g。Brodie 溶液的相对密度为 1.033。若相对密度偏高或偏低,可用水或氯化钠调节。另加麝香草酚乙醇溶液数滴防腐。

实验 2-12　光合细菌处理高浓度有机废水

一、实验目的

(1)了解光合细菌处理高浓度有机废水的原理。
(2)学习掌握光合细菌处理高浓度有机废水的方法和技术。

二、实验原理

红螺菌科中光合细菌能在厌气光照、厌气黑暗及通气黑暗等多种条件下生活,能耐受高浓度有机质并迅速将其分解利用。其菌体又富含蛋白质、色素和生理活性物质等,可综合利用,因而这类光合细菌(俗称红色非硫细菌)已逐渐成为高浓度有机废水无害化与资源化利用的重要菌群。本实验采用一株红色非硫细菌处理淀粉厂黄浆废水(黄浴水),检测 COD(或 BOD)与菌体增长速率。

三、实验器材

(1)菌种:红假单胞菌(*Rhodopsendomonas* sp.)。
(2)红色非硫细菌固体平板培养基:氯化铵 1 g,碳酸氢钠 1 g(制备成 5% 的碳酸氢钠水溶液,以细菌过滤器除菌后,取 20 mL 加至灭菌培养基中混合),磷酸氢二钾 0.2 g,乙酸钠 1～5 g,七水硫酸镁 0.2 g,酵母浸汁 0.1 g,氯化钠 0.5～2.0 g,无机盐类溶液 10 mL,蒸馏水 1 000 mL。调 pH 至 7,121℃高压蒸汽灭菌 20 min。

无机盐类溶液:六水氯化铁 5 mg,五水硫酸铜 0.05 mg,硼酸 1 mg,四水氯化锰 0.05 mg,七水硫化锌 1 mg,六水硝酸钴 0.5 mg,蒸馏水 1 000 mL。

(3)淀粉厂黄浆废水上清液,分装于 250 mL 三角瓶至液层高约 2/3,不需其他处理。

(4)试剂:焦性没食子酸,2.5 mol/L 的氢氧化钠溶液,厌氧指示剂(见本实验后附注)。

(5)厌氧装置:见本实验后附注。

(6)COD 测定所需器材见附录九。

(7)BOD 测定所需器材见附录十一。

(8)仪器和其他用具:离心机,磁力搅拌器,干燥箱,恒温培养箱,天平,100 W 灯泡(或 40 W 日光灯)等。

四、实验步骤

1. 菌种培养

将红色非硫细菌斜面 1 支,划线接种于 3～5 个平板培养基上。在厌氧条件下光照培养,1～2 周,长出红色菌苔。

2. 调配菌液

以少量无菌水冲洗下平皿上的红色菌苔,集于一瓶,充分打散摇匀制成较浓的红色菌液。

3. 废水接种

取盛有黄浆废水的三角瓶 5 瓶,其中 4 瓶接种光合细菌,每瓶按种浓菌液 10%(V/V);另 1 瓶不接种,作为对照。

4. 培养

将接种的 2 瓶在黑暗条件下培养,另 2 瓶在光照下培养。所有培养瓶均经磁力搅拌器搅动以创造微量通气条件。28℃～30℃下培养约 3 d。

5. 检测

(1)测原黄浆废水的 COD(mg/L),或测 BOD(mg/L)。

(2)每日检测一次:取菌液 10 mL,离心 30 min(4 000 r/min),测上清液 COD(或BOD,mg/L);沉淀物经 105℃烘至恒重,测得菌体干重。

五、记录结果,绘制曲线

(1)将检测结果填写在表 2-7 中。

表 2-7　检测结果记录表

培养时间/h	0		24		48		72	
检测结果	COD(或 BOD)/(mg/L)	菌干重/(mg/100 mL)	COD(或 BOD)/(mg/L)	菌干重/(mg/100 mL)	COD(或 BOD)/(mg/L)	菌干重/(mg/100 mL)	COD(或 BOD)/(mg/L)	菌干重/(mg/100 mL)
光照微通气								
黑暗微通气								
不接种								

（2）以培养时间 h 为横坐标，COD（或 BOD，mg/L）为左侧纵坐标，菌体干重（mg/100 mL）为右侧纵坐标，绘制曲线。

六、思考题

利用光合细菌处理上述废水，能否使出水 COD 或 BOD 达到排放标准？若不能，应采取哪些措施？

附文

1. 厌氧指示剂配制

（1）准备 6% 葡萄糖水溶液。

（2）用蒸馏水将 6 mL 0.1 mol/L 的氢氧化钠溶液稀释至 100 mL。

（3）用蒸馏水将 3 mL 0.5% 的亚甲蓝稀释至 100 mL。

将上述各液等量混合即成厌氧指示剂。

2. 碱性焦性没食子酸法

可采用碱性焦性没食子酸法厌氧培养菌种。此法吸氧能力强，不需特殊装置，广泛用于创造厌氧条件。（图 2-8、图 2-9）

（1）碱性焦性没食子酸法（一）：①将待培养物放入真空干燥器内。②按每 100 mL 培养物需焦性没食子酸 1 g 及 2.5 mol/L 氢氧化钠溶液 10 mL 计算，将焦性没食子酸与氢氧化钠溶液装入玻瓶，混合成碱性焦性没食子酸，置于上述干燥器内可吸收容器中的氧气。③将厌氧指示剂加入试管煮沸至无色，置于干燥器内。若容器内为厌氧环境，指示剂保持无色；如为氧化环境则指示剂变为蓝色。④立即盖紧干燥器盖子，密封。

（2）碱性焦性没食子酸法（二）：当培养物量少时，也可采用平皿培养法或试管培养法（图 2-8）。

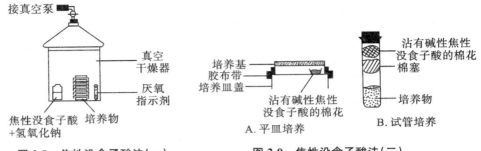

图 2-8　焦性没食子酸法(一)　　　　图 2-9　焦性没食子酸法(二)

平皿培养法:先将浸透碱性焦性没食子酸的棉花放在培养皿上,再将接种了菌种的培养基倒扣于其上,如图 2-9A 所示,用胶布带密封,培养。

试管培养法:在已接种的试管里,把棉塞塞下去,再塞上沾有碱性焦性没食子酸的棉花,如图 2-9B 所示,用橡皮塞封口,培养。

实验 2-13　污水好氧生物处理——活性污泥法

一、实验目的

(1)了解活性污泥法处理废水的基本原理。
(2)掌握活性污泥法处理系统运行的关键控制技术。
(3)理解污泥负荷、污泥龄、溶解氧浓度等参数在实际运行中的作用。

二、实验原理

活性污泥法是一种好氧生物处理方法。此法利用悬浮的微生物絮凝体处理有机废水,是污水处理中的主要方法之一。目前,国内外 95% 以上的城市污水和几乎所有的有机工业废水都采用活性污泥法处理。

在一定的环境条件下,活性污泥法运行的控制因素有污泥负荷、水力停留时间、曝气池中溶解氧浓度(可用气水比来控制)和污泥排放量等。在活性污泥法小型实验的过程中,必须严格地控制以下参数。

(1)污泥负荷(Ns):是指单位质量的活性污泥在单位时间内所去除的污染物的量,单位为 kg(COD 或 BOD)/[kg(污泥)·d]。在污泥增长的不同阶段,污泥负荷各不相同,净化效果也不一样,因此污泥负荷是活性污泥法设计和运行的主要参数之一。一般来说,污泥负荷在 0.3~0.5 kg(COD)/[kg(污泥)·d]范围内时,BOD_5 去除率可达 90% 以上。

污泥负荷的计算方法:

$$Ns = F/M = QS/(VX) \tag{2-13-1}$$

式中,Ns 为污泥负荷,单位为 kg(COD 或 BOD)/[kg(污泥)·d];F 为有机物浓度;M 为微生物浓度；Q 为每天进水量(m^3/d)；S 为 COD(BOD)浓度(mg/L)；V 为曝气池有效容积(m^3)；X 为污泥浓度(mg/L)。

(2)污泥龄(SRT)：污泥龄是指曝气池中微生物细胞的平均停留时间，一般用 SRT 表示。对于有回流的活性污泥法，污泥龄就是曝气池全池污泥平均更新一次所需的时间(以天计)。普通活性污泥的污泥龄一般为 3～4 d。

污泥龄(SRT)的计算方法：

$$SRT = XV/(Q_w \cdot S_w) \tag{2-13-2}$$

式中，SRT 为污泥龄(d)；X 为污泥浓度(mg/L)；V 为曝气池有效容积(m^3)；Q_w 为每天排放的污泥量(m^3/d)；S_w 为排放的污泥浓度(mg/L)。

(3)曝气时间(t)：曝气时间按下式计算。

$$t = V/Q \tag{2-13-3}$$

式中，t 为曝气时间(d)；V 为曝气池有效容积(m^3)；Q 为污水流量(m^3/d)。

(4)混合液悬浮固体浓度(MLSS)：混合液悬浮固体浓度是指 1 L 曝气池混合液中所含悬浮固体的干重(103℃～105℃烘干至恒重)，单位为 g/L 或 mg/L。一般活泼污泥的混合液悬浮固体浓度控制在 2～4 g/L。

三、实验器材

1. 样品

实验样品为生活污水和市政污水处理厂曝气池出口污泥。

2. 仪器和用具

(1)完全混合式曝气沉淀池装置：材料为有机玻璃，组件有空压机、配水系统，如图 2-10 所示。

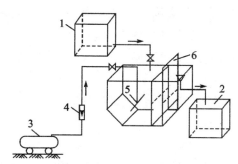

1. 原水箱；2. 出水池；3. 空压机；4. 流量计；5. 空气扩散管；6. 挡板(左侧：曝气池；右侧：二沉池)

图 2-10　完全混合式活性污泥法实验装置示意图

(2)其他器具：小型增氧泵、溶解氧测定仪、电子天平(精度为 0.000 1 g)、pH 计或 pH 试纸、电热干燥烘箱、COD 测定装置、马弗炉、虹吸管、吸耳球、烧杯、量筒、移液管、称样瓶、滤纸等。

四、实验步骤

1. 活泼污泥的培养和驯化

活性污泥取自城市污水处理厂曝气池。定期向容器加入营养物质,同时使用小型增氧泵连续曝气。营养物质的投加按 C∶N∶P＝100∶5∶1 的比例。培养驯化过程中要注意监测烧杯中溶解氧的变化,使溶解氧尽量维持在 2～4 mg/L。

2. 系统调试和运行

按照曝气有效容积的 5%～10% 投入接种活性污泥,维持溶解氧在 1 mg/L 左右,先闷曝 3～7 d,再小流量进水,维持运行 3～7 d。每调整一个流量梯度,逐渐提高溶解氧浓度,并维持运行 3～7 d,直至进水流量达到装置设计流量为止。控制曝气池内活性污泥的污泥负荷,使之为 0.1～0.4 kg(COD)/[kg(MLSS)·d],溶解氧为 1.0～2.5 mg/L,污泥龄为 2～10 d。调节污泥回流缝的大小和挡板高度,并用容积法调节进水流量在 0.5～0.8 mL/s。

实验过程中要注意观察曝气池和二沉池的运行情况,注意曝气池的气水混合状态、二沉池污泥絮凝情况、回流污泥是否畅通等,发现问题要及时进行调节。若发现曝气池中气水混合不充分,应加大曝气量;若二沉池中的沉淀状态不佳,应调节回流污泥的挡板而减小回流污泥量;若回流污泥不畅,则提高挡板而增大回流缝的高度。同时应防止进水管路和空气管路的堵塞,注意调节回流污泥挡板,时刻保证污泥回流畅通。

3. 相关参数的测定

测定曝气池内水温、pH、溶解氧、混合液悬浮固体浓度、COD;测定进水、出水的 COD 和固体悬浮物;计算污水的 COD、固体悬浮物的去除率;测定剩余污泥的排放量。

4. 注意

(1)本实验必须昼夜连续运转,需按三班制安排实验人员值班操作管理。

(2)经常检查电压是否稳定及空气扩散情况,并及时调节。每天上午、下午及晚上要各测曝气池溶解氧 1 次,并据测定值及时调整曝气量或进水流量,使溶解氧保持在 1.5～3.0 mg/L。

(3)经常测定 pH,必要时加以调节,使其保持在 6.5～8.0。

五、数据记录

将完全混合性活性污泥法处理生活污水的实验数据记录于表 2-8。据实验数据,按公式 2-13-4 计算污水 COD、固体悬浮物的去除率,填于表中。

表 2-8 完全混合活性污泥法处理生活污水实验数据记录表

水温： ℃;进水 COD： mg/L;进水固体悬浮物： mg/L;pH：

进水流量 /(mL/s)	曝气池 溶解氧	出水 COD /(mg/L)	出水固体 悬浮物 /(mg/L)	曝气池混合 液固体悬浮 物浓度 /(mg/L)	剩余污 泥浓度 /(mg/L)	污泥 泥龄/d	COD 去除率 /%	固体悬浮 物去除率 /%

$$废水\ COD(SS)去除率(\%) = \frac{C_0 - C_t}{C_0} \times 100\% \qquad (2\text{-}13\text{-}4)$$

式中，C_0 为进水 COD(SS)值(mg/L)；C_t 为出水 COD(SS)值(mg/L)。

六、思考题

(1)曝气池中溶解氧浓度对活性污泥处理系统的运行效果有何影响？

(2)通过本实验的操作、观察，你认为有哪些因素影响完全混合活性污泥法的运行？

实验 2-14 污水好气生物处理
——生物膜法(生物流化床)

一、实验目的

(1)了解生物流化床的基本构造、生物液化床法处理污水的原理。

(2)掌握生物流化床挂膜过程和运行管理的基本技术。

二、实验原理

好氧生物流化床是将传统活性污泥法与生物膜法有机结合,并将化工流态化技术应用于污水处理的一种新型生化处理装置。该法处理效率高、容积负荷大、抗冲击能力强、占地面积少,引起了工程界极大兴趣和广泛研究,被认为是未来最具发展前景的一种生物处理工艺。

好氧生物流化床以微粒状填料如沙、焦炭、活性炭、玻璃珠、多孔球等作为微生物载体,以一定流速将空气或纯氧通入床内,使载体处于流化状态。通过载体表面上不断生长的生物膜吸附、氧化、分解废水中的有机物,达到去除废水中污染物的目的。载体颗粒小,表面积大(载体表面积可达 $2\ 000 \sim 3\ 000\ m^2/m^3$),生物量大,载体处于流化状态,污水不断和载体上的生物膜接触,使膜上微生物增殖。载体不停地流动能够有效防止生物膜堵塞。

本实验采用的鳃板式流化床是一种三相好氧生物流化床反应器,结构简单、紧凑,泥水分离效果好。污水从底部或顶部进入床体,与从底部进入的空气相混合,污水充氧和载体流化同时进行。在床内气、液、固三相进行强烈的搅动接触,废水中的有机物在载体上生物膜的作用下进行生物降解。由于空气的搅动,载体之间产生强烈的摩擦使老化的生物膜及时脱落,故不需另设脱膜装置。

三、实验器材

(1)取自生活污水处理厂的新鲜活性污泥。

(2)测定化学需氧量(COD_{Cr})的器材和试剂,测定生物需氧量(BOD_5)和溶解氧的器材和试剂,测定氨氮的器材和试剂。

(3)其他器具:鳃板式三相流化床模型(图 2-11)由有机玻璃制成,大小为 63 mm(宽)×125 mm(长)×300 mm(高),总有效容积 2.2 L。废水处理曝气区的有效容积为 1.5 L,沉淀区的容积为 0.7 L。生物载体选用粒径为 0.5~0.7 mm 的陶粒。

实验还需 50~100 W 气泵,曝气头,水箱(25 L),电热恒温控制器(包括电加热器、控温仪),计量泵(量程 10~1 000 mL/h),pH 计,乳胶管,生物显微镜,电子天平,电烘箱,生化培养箱。

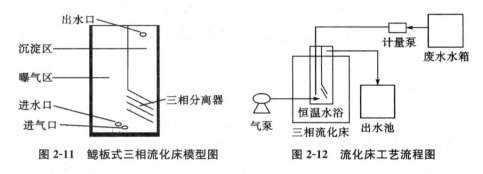

图 2-11　鳃板式三相流化床模型图　　　图 2-12　流化床工艺流程图

四、实验步骤

1. 装配实验装置

按图 2-12 工艺流程图装配实验装置。

当室温低于 20℃时,需提高水温到 20℃~25℃,以加快挂膜过程。使用电加热恒温控制仪,将加热棒悬挂浸没在水浴中。

2. 模拟生活污水的配制

按表 2-9 配方配制人工合成模拟城市生活污水,作为基础培养液,使用时可按需要增加浓度,使模拟城市生活污水进水浓度为基础培养液的 2 倍、3 倍或更高倍数。模拟城市污水(基础培养液)的 COD_{Cr} 为 174 mg/L,总氮约为 27.5 mg/L,氨氮约为 7.2 mg/L,配成后需测定实际值。

表 2-9 模拟生活污水配方材料表

材料名称	数量
淀粉,工业用	0.067 g
葡萄糖,工业用	0.05 g
蛋白胨,实验用	0.033 g
牛肉膏,实验用	0.017 g
十水合硫酸钠,工业用	0.067 g
碳酸氢钠,工业用	0.02 g
磷酸钠,工业用	0.017 g
尿素,工业用	0.022 g
硫酸铵,工业用	0.028 g
水	1 000 mL

3. 接种、挂膜

按上述模拟城市生活污水配方,以 2 倍浓度配制成挂膜过程中所需的模拟城市生活污水。配成后测定该模拟污水的 COD_{Cr} 和氨氮的浓度。根据测定值,按 C/N＝100/5 的比例添加适量的葡萄糖或硫酸铵,再测污水中氨氮的浓度,氨氮浓度以 30～40 mg/L 为宜。将污水注入流化床反应器中,投加 75 g 颗粒载体。向反应器曝气区注入来自生活污水处理厂的新鲜活性污泥,污泥量为曝气区容积的 1/5～1/4。开启气泵,但不从水箱进水,进行闷曝。调节节流阀,使得载体恰好完全处于流化状态。过高的进气量会导致颗粒间摩擦加剧,不利于微生物的附着和生长。系统开动 8～12 h 后,停止运行,澄清片刻,使活性污泥和载体下沉。将上层清液倾出一半左右,再加入调节后的 2 倍浓度模拟城市污水,继续运行。如此周而复始 3～4 d,载体上即附有少量微生物,接种过程完成。此时可开启计量泵,从废水箱连续进水。控制进水 pH 为 6.5～7.5,温度为 20℃～25℃,流量为 200 mL/h。连续进水后,营养比较丰富且微生物的代谢产物不断被出水带走,载体上的生物膜会迅速生长和增厚。在适宜条件下,10～15 d 就可以完成挂膜,投入正常运转。

4. 运行和管理

(1)进水:向污水箱中添加模拟城市生活污水,进水流量提高到 500 mL/h。酌量添加硫酸铵等营养物质,使污水箱中污水的氨氮浓度为 30～40 mg/L,pH 为 6.5～7.5。整个运转期间进水水质及水量稳定不变。

(2)水浴水温:当室温低于 20℃ 时,须用电加热恒温控制仪使反应器水温控制在 20℃～25℃。

(3)曝气量:由于气泵工作不稳定和曝气头堵塞等原因,有时会发生载体沉降不流化的现象,应及时调整进气量,清洗曝气头。

5. 测定和观察

(1)定期测定曝气区混合液的溶解氧,每天测一次。

(2)测定进水、出水中 COD_{Cr} 浓度。根据测定数据计算 COD_{Cr} 去除率(%),并按下式计算有机负荷[kg/(m³·d)]:

$$有机负荷 = C \cdot Q/V \times 24 \times 10^{-6}$$

式中,C 为进水 COD_{Cr} 浓度(mg/L);Q 为进水流量(mL/h);V 为曝气区有效容积(L)。

有机负荷表示单位混合液体积每日所能处理的有机物的量,是衡量反应器水处理能力的重要指标。

(3)测定进水、出水中氨氮的浓度,并计算氨氮去除率(%)。

(4)将测得数据填入表 2-10。

(5)观察。用显微镜观察载体颗粒上生物膜由生长至成熟的过程。成熟的载体上应有钟虫、轮虫、丝状菌、草履虫和线虫等。生物膜呈黄色且透明,与核心的不透明载体颗粒区别明显,平均厚度可达 $80 \sim 100~\mu m$。测定 20 个生物载体的膜厚,取其平均值作为生物膜厚度,观察比较膜上的生物相。将观察结果填入表 2-11。

6. 停留时间与处理效果

有机物的处理效果与污水在曝气池中的停留时间有关。一般地,延长停留时间,可以改善出水水质,但导致有机负荷的降低。按照 $T=V/Q$(T 为停留时间,V 为曝气区有效容积,Q 为进水流量),在曝气区有效容积不变的情况下,减少或加大污水进水流量可以延长或缩短停留时间。本实验曝气区有效容积为 1.5 L。假设:$Q_1=0.2$ L/h,则 $T_1=7.5$ h;$Q_2=0.5$ L/h,则 $T_2=3$ h。

在进水浓度、水温、pH 等均不变的情况下,按 0.2 L/h 的流量进水。待运转稳定后,测定进水、出水的 COD_{Cr} 和氨氮浓度,并计算去除率和有机负荷。改用 0.5 L/h 的流量进水,稳定后再测定进水、出水的 COD_{Cr} 和氨氮浓度,并计算去除率和有机负荷,结果填入表 2-12。

表 2-10 生物流化床模型实验分析化验记录表

日期	时间	室温/℃	水温/℃	进水流量/(mL/h)	溶解氧/(mg/L)			COD_{Cr}			$NH_3—N$			pH		有机负荷/[kg/(m³·d)]		备注	记录人签名
					进水	出水	曝气区	进水/(mg/L)	出水/(mg/L)	去除率/%	进水/(mg/L)	出水/(mg/L)	去除率/%	进水	出水	进水	出水		

表 2-11　生物流化床挂膜及运行管理记录表

日期	时间	显微镜观察记录	生物膜厚度/μm	本班运行管理记录	对本班运行情况的评价和下班的建议	记录人签名

表 2-12　停留时间与处理效果实验记录表

日期	进水流量/(mL/h)	停留时间/min	COD$_{Cr}$			NH$_3$—N			有机负荷/[kg/(m³·d)]	记录人签名
			进水/(mg/L)	出水/(mg/L)	去除率/%	进水/(mg/L)	出水/(mg/L)	去除率/%		

五、注意事项

(1)进水须按模拟生活污水配方及实验开始时调整营养的方案准确配置,并控制进水的 pH,以尽量保持进水水质的稳定。

(2)经常检查水温及恒温控制器的运转是否正常,保持水温稳定。

(3)经常检查计量泵运行情况,控制进水流速稳定。及时清洗进水管,避免阻塞,保持进水管路通畅。

六、思考题

(1)曝气区中溶解氧浓度对生物膜法处理系统的运行效果有何影响?

(2)通过本实验的操作、观察,你认为有哪些因素影响生物膜法的运行?

实验 2-15　废水厌氧硝化——反硝化生物脱氮

一、实验目的

(1)了解废水生物脱氮的原理。

(2)掌握废水生物脱氮的方法和运行管理的基本技术。

二、实验原理

废水中氮主要以有机氮化合物和氨氮存在形式。传统的活性污泥法能将废水中的有机氮化合物转化为氨氮,却不能将氨氮从废水中完全去除。废水生物脱氮的基本原理如下:先通过硝化菌硝化反应将氨氮氧化为硝酸盐,再通过反硝化菌的厌氧反硝化反应将硝酸盐还原成气态氮——氮气从水中逸出。本实验采用废水硝化—反硝化生物脱氮工艺,重点考察混合液的悬浮固体浓度、温度、溶解氧对硝化与反硝化生物脱氮效果的影响。

硝化过程是由一群自养型好氧微生物完成的,它包括两个步骤:第一步是由亚硝酸菌(*Nitrosomonas*)将氨氮转化为亚硝酸盐(NO_2^-),第二步则由硝酸菌(*Nitrobacter*)将亚硝酸盐进一步氧化为硝酸盐(NO_3^-)。亚硝酸菌和硝酸菌统称为硝化菌。硝化菌属专性好氧菌。这类菌利用无机碳化合物作为碳源,从氨气、铵盐或亚硝酸盐的氧化反应中获取能量。两步反应均需在有氧的条件下进行。

反硝化反应是将硝酸盐或亚硝酸盐还原成气态氮或一氧化二氮,反应在无分子态氧的条件下进行。

反硝化细菌在自然界中普遍存在,包括假单胞菌属、反硝化杆菌属、螺旋菌属和无色杆菌属等。它们多数是兼性的,在溶解氧浓度极低的环境中可利用硝酸盐中的氧作为电子受体,有机物则作为碳源及电子供体提供能量并得到氧化。大多数反硝化反应稳定。大多数反硝化细菌都能在进行反硝化的同时将硝酸根离子同化为铵根离子供细胞合成之用,此过程可称为同化反硝化。

当环境中缺乏有机物时,无机物如氢、硫化钠等也可作为反硝化反应的电子供体。微生物还可通过消耗自身的原生质进行所谓的内源反硝化。内源反硝化的结果是细胞物质的减少,并会有氨气的生成。因此,废水处理中均不希望此种反应占主导地位,而应提供必要的碳源。

三、实验器材

(1)实验需活性(颗粒)污泥。

(2)模拟生活污水配方见实验 2-14 表 2-9。

(3)仪器及其他用具:生物脱氮实验装置[SBR 反应器直径为 150 mm,高为 50 mm,总有效容积为 7.5 L。实验时采用鼓风曝气(用转子流量计调节曝气量)],见图 2-13。实验还需恒温器控制水温、电控恒温水浴锅、化学耗氧量(COD_{Cr})测定装置、pH 酸度计等。

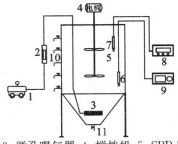

1. 空压机;2. 流量计;3. 微孔曝气器;4. 搅拌机;5. SBR 反应器;6. pH 传感器;
7. 温度传感器;8. 温度控制仪;9. pH 检测仪;10. 取样口;11. 排泥口

图 2-13　SBR 用于污水脱氮实验装置示意图

四、实验前准备工作

1. 测定仪器及试剂

准备化学耗氧量（COD_{Cr}）和 pH 测定仪器并配制测定所需化学标准试剂。

2. 人工合成生活污水的配制

将实验 2-4 表 2-9 中模拟生活污水的组成成分定量混合均匀后，测定其 COD_{Cr} 浓度，备用。

3. 实验操作程序

进水—溶解氧控制仪控制曝气（10 h）—沉降（1 h）—排水。为了保证硝化反应所需的酸度，在曝气 3 h 后向反应器投加 1 g 左右的碳酸氢钠。反应器每周期处理水量 3 L，为反应器有效容积的 60%。在实际操作过程中，溶解氧控制仪控制充氧仪间歇曝气，以使溶解氧控制在恒定的水平。除沉降期间外，整个过程中辅以电动搅拌器低转速搅拌。

4. 污泥接种及驯化过程

将取自城市生活污水处理厂的曝气池污泥作为本实验的接种污泥，污泥接种后要进行培养驯化。驯化期间采用进水—曝气（7 h）—沉降（1 h）—排水的操作模式，逐渐增加进水的 COD_{Cr} 负荷及氨氮负荷。

五、实验步骤

1. 活性污泥浓度对硝化、反硝化的影响

本实验通过溶解氧控制仪将曝气期间溶解氧浓度控制在约 2.0 mg/L，考察 4 种混合液污泥浓度（1 500 mg/L，2 500 mg/L，3 500 mg/L，5 000 mg/L）对硝化、反硝化的影响，同时每 2 h 取样 1 次，检测其 COD_{Cr}、氨氮和硝态氮浓度。

2. 考察溶解氧浓度对硝化反硝化的影响

将实验反应器内混合液悬浮固体浓度控制在 3 500～4 500 mg/L。通过溶解氧控制仪使整个曝气过程中混合液溶解氧浓度分别控制在 3.8～4.2 mg/L、1.8～2.2 mg/L 和 0.3～0.7 mg/L，并考察不同溶解氧浓度对硝化反硝化的影响。每隔 2 h 取样 1 次，检测 3 种溶解氧浓度条件下 COD_{Cr}、氨氮和硝态氮浓度。

3. 温度对同步硝化反硝化的影响

本实验控制的基本条件如下：pH 为 8.5、溶解氧为 2～3 mg/L、污泥浓度为 3 500～4 500 mg/L。实验重点考察不同温度（15℃±2℃、20℃±2℃、25℃±2℃）对硝化、反硝化的影响。每 2 h 取样 1 次，检测 3 种不同温度条件下 COD_{Cr}、氨氮和硝态氮浓度，填入表 2-13、表 2-14。

表 2-13　生物脱氮实验数据记录汇总表

日期	进水量 /(L/h)	进水/(mg/L)		出水/(mg/L)		去除率/%	
		氨氮	COD$_{Cr}$	氨氮	COD$_{Cr}$	氨氮	COD$_{Cr}$

表 2-14　生物脱氮效果实验记录表

	时间/h		0	2	4	6	8
温度/℃	15±2	氨氮					
		硝态氮					
		COD$_{Cr}$					
	20±2	氨氮					
		硝态氮					
		COD$_{Cr}$					
	25±2	氨氮					
		硝态氮					
		COD$_{Cr}$					
污泥浓度 /(mg/L)	1 500	氨氮					
		硝态氮					
		COD$_{Cr}$					
	2 500	氨氮					
		硝态氮					
		COD$_{Cr}$					
	3 500	氨氮					
		硝态氮					
		COD$_{Cr}$					
	5 000	氨氮					
		硝态氮					
		COD$_{Cr}$					

（续表）

时间/h			0	2	4	6	8
溶解氧 /(mg/L)	0.3~0.7	氨氮					
		硝态氮					
		COD_{Cr}					
	1.8~2.2	氨氮					
		硝态氮					
		COD_{Cr}					
	3.8~4.2	氨氮					
		硝态氮					
		COD_{Cr}					

六、实验结果、讨论

（1）绘制不同控制参数条件下，生物脱氮过程其主要污染物 COD_{Cr}、总氮随时间变化曲线。总结其硝化与反硝化脱氮过程的总氮和氮氧化物变化趋势和规律，并分析产生这些差异的原因。

（2）绘制整个系统稳定运行后氨氮去除及 COD_{Cr} 去除的变化曲线，分析对硝化与反硝化生物脱氮过程产生影响的各种相关因素，并阐明如何确保硝化与反硝化反应的顺利进行。

七、注意事项

（1）应提前 1~2 周时间进行污泥的培养和驯化工作，并采用人工模拟生活污水正常启动整体反应装置，确保开展实验时系统的稳定性。

（2）实验过程中要密切注意硝化装置传感器的灵敏性，并对其进行校核，读数要准确，操作过程中要认真细致，一旦发现异常现象要及时排除。

八、思考题

（1）活性污泥浓度和溶解氧浓度对硝化、反硝化处理系统的运行效果有何影响？

（2）通过本实验的操作、观察，你认为有哪些因素影响生物脱氮的运行？

实验 2-16　废水生物除磷

一、实验目的

（1）了解 A/O 法生物除磷原理和工艺。

（2）掌握生物除磷工艺关键控制技术。

二、实验原理

有些微生物如聚磷菌能够在好氧条件下过量吸磷，在厌氧条件下过量放磷于体外。我们可以创造厌氧、缺氧和好氧环境，让聚磷菌先在含磷污（废）水中厌氧放磷，然后在好氧环境充分地过量吸磷，最后通过排泥从污（废）水中除去部分磷，达到污（废）水生物除磷的目的。本实验利用厌氧/好氧（A/O）工艺生物除磷。该工艺是美国研究者 Spector 在 1975 年研究如何控制活性污泥膨胀问题时开发的。它不仅能有效地防止污泥的丝状菌膨胀问题，而且具有很好的除磷效果。有资料表明，在厌氧-好氧活性污泥中，污泥含磷量达 3%～8%。

三、实验器材

实验需要活性污泥和模拟生活污水。

模拟生活污水中，COD_{Cr} 为 300～500 mg/L，总氮为 30～40 mg/L，氨氮为 10～20 mg/L，总磷为 8～15 mg/L。其典型配方如下：葡萄糖 169 mg/L，蛋白胨 169 mg/L，氯化钠 63 mg/L，硫酸铵 63 mg/L，磷酸二氢钾 44 mg/L，碳酸氢钠 94 mg/L，七水硫酸镁 94 mg/L，二水氯化钙 31 mg/L，二水硫酸亚铁 2.2 mg/L。

实验中用到 A/O 污水生物除磷装置。该装置由有机玻璃制成，内径为 100 mm，有效容积为 5.0 L，并配有时间程序控制器，可根据实验需要选定每周期的总水力停留时间及进水、厌氧、好氧、沉淀、排水时间。实验装置如图 2-14 所示。

实验还需要电控恒温水浴锅、溶解氧测定仪、pH 酸度计、紫外—可见光分光光度计、COD_{Cr} 测定装置。

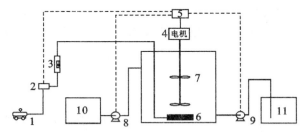

1. 空压机；2. 电磁阀；3. 流量计；4. 搅拌机；5. 控制装置；6. 微孔曝气器；
7. A/O 反应器；8. 进水泵；9. 排水泵；10. 配水槽；11. 出水槽

图 2-14 A/O 污水生物除磷实验装置

四、实验前准备工作

1. 实验过程测定仪器及试剂

准备 COD_{Cr}、pH、溶解氧、总磷测定仪器和配制测定过程所需化学标准试剂。

2. 人工模拟生活污水配制

按上述模拟生活污水的配方定量混合，混匀后测定其COD_{Cr}、pH、总磷浓度等后备用。

3. 污泥接种及驯化

取自工业装置或城市生活污水处理厂的活性污泥为本实验的接种污泥。污泥接种后，通过恒温水浴进行热量交换后，维持反应槽中的温度为20℃±2℃。温度恒定后，定期、定量加入人工模拟生活污水，以维持A/O工艺系统中微生物生长所需的营养物质。

五、实验步骤

(1)设置时间程序控制器相关参数：总时间8 h，其中厌氧2.5 h、曝气4 h、沉淀和进水1.5 h。进水在反应槽中污泥沉淀后进行。从底部向上进水，从反应槽底部出水管排水。控制其中的混合液悬浮固体浓度在4 000～6 000 mg/L，体积沉降比为20％左右，污泥体积指数为20％～50％，pH为6.8～7.4，好氧曝气段溶解氧控制在4.0～6.0 mg/L。

(2)实验管理：整个系统正常运行后，控制适宜的进水量，检测COD_{Cr}、总磷的浓度变化过程。适当调整废水中的有机物COD_{Cr}的浓度，维持总磷基本不变，即COD_{Cr}/TP的比值改变，测定其总磷的去除效果。

(3)当改变进水条件且系统运行稳定后，每隔2 h取样1次，测定其总磷去除效果，并将测得的数据填入实验记录表中。

六、实验数据记录与处理

(1)将实验过程监测结果记录到表2-15中。

表2-15　监测结果记录表

	时间/h	0	2	4	6	8	平均值
参数	COD/(mg/L)						
	溶解氧/(mg/L)						
	总磷/(mg/L)						

(2)污水生物除磷过程数据记录到表2-16中。

表2-16　生物除磷实验记录表

日期	进水量/(L/h)	进水		出水		COD_{Cr}去除率/%	总磷去除率/%
		总磷/(mg/L)	COD_{Cr}/(mg/L)	总磷/(mg/L)	COD_{Cr}/(mg/L)		

（3）绘制不同操作条件下，整个系统 COD_{Cr}、总磷、溶解氧随时间变化曲线，分析并记下其特点和规律。

（4）绘制实验装置稳定运行后 COD_{Cr} 的浓度变化与总磷去除的关系曲线，确定其相关系数。

七、注意事项

（1）污水除磷前驯化污泥。人工模拟生活污水配制后不宜长时间放置，若不能立即使用，应放于冰箱保存。

（2）实验操作前，应熟悉相关指标测定技术。

（3）实验过程中应仔细观察，出现异常现象要及时排除。

八、思考题

（1）分析影响生物除磷系统运行的相关因素，如何确保生物除磷顺利进行？

（2）如何对本实验进行改进，提高其生物除磷效果？

实验 2-17　有机固体废弃物好氧堆肥实验

一、实验目的

（1）了解固体废弃物好氧堆肥的原理和堆肥规制工艺。

（2）掌握堆肥腐熟的判断方法和操作技术。

二、实验原理

1. 好氧堆肥的基本原理

在通入空气条件下，好氧微生物分解大分子有机固体废物为小分子有机物，部分有机物被矿化为无机物，放出大量的热量，使堆肥温度升高至 $50℃\sim65℃$，如果不能风，温度会升高到 $80℃\sim90℃$。期间发酵微生物不断分解有机物，吸收、利用中间代谢产物合成自身细胞物质，生长繁殖，得到更大量的微生物群体分解有机物。最终，固体废弃物完全腐熟成稳定的腐殖质。有机堆肥好氧分解过程见图 2-15。

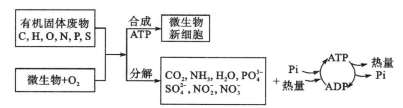

图 2-15　有机固体废弃物好氧分解过程示意图

2. 堆肥腐熟度的判断

堆肥腐熟度是指堆肥成品的稳定程度。已腐熟的堆肥中,有机物不再分解并达到卫生无害化标准,在农业生产中不影响作物的正常生长,也即不产生"烧根"和"烧苗"现象。针对堆肥熟化,国内外提出了很多参数或衡量指标,但迄今仍未统一。除堆肥外观的变化外,国内外提出的各种参数大致可分为两类:一类是反映发酵过程的参数,如耗氧、二氧化碳和温度变化等,可称为反应过程参数;另一类是反映堆肥产品性质的参数,如碳氮比、水溶性糖、腐殖酸、菌群特征和种子发芽效应等,可称为堆肥性质参数。评判堆肥是否腐熟往往需要综合各种指标。(附录八　堆肥腐熟度的判定)

本实验以种子发芽指数衡量堆肥的稳定化程度。当堆肥没有达到稳定时,堆肥的水浸提液具有一定的植物毒性,会妨碍种子的萌发和根的生长。种子发芽指数是评价堆肥稳定化程度较直接的指标之一。实验用的种子包括水芹、小麦、胡萝卜、芥菜、白菜和番茄等。目前国际上应用最多的是水芹种子,它对环境的敏感性高,发芽快。种子萌发实验的结果一般用种子发芽指数(%)来表示:

$$种子发芽指数(\%)=\frac{堆肥浸提液处理种子的发芽率×堆肥浸提液处理种子的根长}{去离子水处理种子的发芽率×去离子水处理种子的根长}×100\%$$

三、实验器材

(1)实验材料:堆肥原料(生活垃圾、市政污水处理厂污泥、畜禽粪便)、膨松剂(即中药渣)、小木块、小麦种子或水芹种子。

(2)实验仪器及其他用具:鼓风机、生化培养箱、振荡机、培养皿、温度计、铁锹等。

四、实验步骤

(一)堆肥及指标测定

1. 备料

根据设计的肥堆大小准备适量的堆肥原料。

2. 混合

将堆肥原料与膨松剂分别按体积比 1∶1、1∶2、1∶3 混合,同时据水分情况调节水分含量约为 55%。

3. 堆制

在堆肥场地上铺设小木块或膨松剂约 20 cm,将上步混合物堆成高 1.5~2 m 的垛,堆垛容积不宜少于 4 m³。

4. 覆盖

用一层塑料薄膜盖在垛的表面,在肥堆四周和中央设 4 支温度计。

5. 通风

将鼓风机与通风管连接,肥堆堆积 3~4 d 后开始通风,可以采用肥堆温度或氧气反馈装置自动调节。若温度低于 45℃，打开风机通风，提供氧气；若温度在 45℃～70℃ 之间，风机关停；若温度高于 70℃，再次打开风机通风，降低肥堆温度。也可以安装定时器控制风机，每隔 3 h 通风 15～30 min。若采用抽风的方式，风机出来的气体通常先通过腐熟后的堆肥过滤脱臭，再排入大气。

6. 翻堆

肥堆温度升至最高后开始下降时，需翻堆。通常在堆肥 4 周后，停止通风，让其后熟。若需要得到高度腐熟的堆肥，后熟时间最好为 30 d 以上。

7. 干燥

堆腐后的物料通常需要干燥，可以露天自然晾干，也可以开启鼓风机吹干。若堆肥中的膨松剂和小木块需循环利用，则要将堆肥筛分。

8. 观察记录

每天记录空气温度和肥堆温度，每周或每隔几天采一次样品，测定氨氮、硝态氮、全氮、pH、溶解性有机碳、电导率和种子发芽指数等项目。

(二)种子发芽指数测定

1. 堆肥浸提液制备

取不同时段的堆肥，按堆肥质量(g)与去离子水体积(mL)之比分别为 1：1、1：2、1：3、1：5 和 1：10 配制不同浓度的浸提液。空白对照内不加固体废物。之后置于振荡机上振荡 30 min。

2. 培养

将混合液过滤，取滤液 5 mL 于垫有滤纸的培养皿中，同时挑选 10 粒或 15 粒饱满的小麦或水芹种子于培养皿中，置于 25℃ 恒温箱中，培养 2 d 左右。同时用去离子水作为空白对照。

3. 观察、测量、计算

观察种子发芽情况，待发芽率超过 60%，平均根长大于 2 cm 时，即可计算所有处理的种子发芽率，并测量所有发芽种子的平均根长。根据发芽率和根长计算种子发芽指数。

五、数据记录、处理

(1)将堆肥过程中测得的含水量、温度、有机质、氨氮、硝态氮、全氮、pH、溶解性有机碳、电导率和腐熟度等项目的数据记录于表 2-17 中。

(2)据种子发芽指数和根长测定数据，按上式计算种子发芽指数，记录于表 2-18 中。

表 2-17 堆肥数据记录表

项目	含水率/%	温度/℃	有机质/(mg/L)	氨氮/(mg/kg)	硝态氮/(mg/kg)	全氮/(mg/kg)	pH	溶解性有机碳/(mg/L)	电导率/(mS/cm)
原始固体									
第 1 天									
第 3 天									
第 5 天									
第 8 天									
第 10 天									
第 15 天									
第 20 天									
第 30 天									

表 2-18 种子发芽情况记录表

浸提配比	发芽率/%	根长/cm	发芽指数/%
空白			
1∶1			
1∶2			
1∶3			
1∶5			
1∶10			

六、思考题

(1)肥堆温度没有明显升高,进入不了高温期怎么办? 肥堆温度和湿度不均怎么解决?

(2)若实验测得种子发芽指数大于 100%,可能是由何种原因造成的?

第三章　现代微生物技术实验

实验 3-1　用 Ames 法监测环境中的致癌物

一、实验目的

(1)了解 Ames 法快速检测环境致癌物的原理。

(2)掌握 Ames 法快速检测环境致癌物的操作技术和方法。

二、实验原理

由于传统的动物实验法检测环境中的致癌物耗时费力,Ames 试验作为一种快速准确的微生物检测法得到了广泛应用。

Ames 法利用鼠伤寒沙门氏菌的组氨酸缺陷型(his⁻)菌株的回复突变来判断被检物质是否具有诱变性和致癌性,并能区别突变的类型(置换突变或移码突变)。在不含组氨酸的基本培养基上,鼠伤寒沙门氏菌组氨酸营养缺陷型(his⁻)菌株不能生长;若遇到诱变性物质,这些菌株发生回复突变(his⁻→his⁺)形成野生型菌株,可以在不含组氨酸的基本培养基上生长,形成肉眼可见的菌落(图 3-1)。根据存在和不存在被检物质时回复突变的频率,可以推断该物质是否具有诱变性或致癌性。

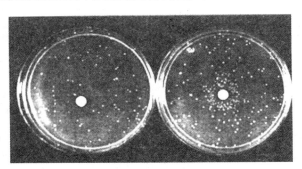

图 3-1　Ames 试验

左图对照滤纸圈上不加化学物质,右图试验滤纸圈上添加化学物质。

比较左图和右图可见,添加化学物质后,滤纸圈周围的菌落数明显增加

这组检测菌株含下列突变:

(1)组氨酸基因突变(his⁻)：根据选择性培养基上 his⁻ 菌株的回复突变率就可测出被检物的致突变率或致癌率。

(2)脂多糖屏障丢失(rfa)：该菌株的细胞壁上失去脂多糖屏障,待测物容易进入细胞。

(3)紫外线切割修复系统缺失(ΔuvrB)及生物素基因缺失,使致癌物引起的遗传损伤的修复降到最低程度。

(4)具抗药质粒 R 因子,使该菌抗氨苄青霉素,从而提高了灵敏性。

常用的几株鼠伤寒沙门氏菌为 TA1535、TA1537、TA1538、TA98、TA100、TA97 及 TA102。TA98 可以检出能引起 DNA 移码突变的诱变物质。

有的致癌物是被哺乳动物肝细胞中的微粒体羟化酶系统(简称 S-9 混合液)活化后才显示诱变性或致癌性,而细菌没有这种酶系统,故加入鼠肝匀浆的酶系统能增加检测的灵敏度。哺乳动物匀浆中可以分离到小球状的内质网碎片,即为微粒体。Ames 实验也称为鼠伤寒沙门氏菌/哺乳动物微粒体实验。

Ames 试验不是验证化学致癌物的决定性的实验,但是试验结果阳性和致癌之间有十分明显的相关性。Ames 法的优点:简便、易行、灵敏、检出率高,90％的化学致癌物都可获得阳性结果,不需特殊器材,易推广。缺点:微生物的 DNA 修复系统比哺乳动物简单,基因不如哺乳动物多,不能完全代表哺乳动物的实际情况。

三、实验器材

1. 菌种

鼠伤寒沙门氏菌(*Salmonella typhimurium*)TA98、TA102 菌株(组氨酸-生物素缺陷型,测试菌株),野生型 S-CK 菌株(对照菌株)

2. 试剂

牛肉膏、蛋白胨、氯化钠、柠檬酸、七水合硫酸镁、磷酸氢二钾、磷酸氢铵钠、葡萄糖、*L*-组氨酸、*d*-生物素、琼脂、辅酶Ⅱ(NADP)、葡萄糖-6-磷酸(G-6-P)、六水合氯化镁、氯化钾、磷酸氢二钠、一水合磷酸二氢钠、结晶紫、氨苄青霉素、四环素、蒸馏水等。化学试剂要求至少为分析纯。

3. 培养基

(1)底层培养基。①葡萄糖(20％):20 g 葡萄糖加入盛有 100 mL 蒸馏水的锥形瓶中;0.072 MPa 下 112℃灭菌 20 min。②柠檬酸 2 g;磷酸氢二钾 10 g;七水合硫酸镁 0.2 g;四水合磷酸氢铵钠 3.5 g;琼脂(优质)15 g;蒸馏水 900 mL;pH 为 7.0;加热溶解,混匀,0.103 MPa 下 121℃灭菌 20 min。将灭菌后的①②在 80℃左右时混匀,待降温至 45℃～50℃时倒入无菌平皿。每皿倒入 1/4～1/3 皿高的培养基,平放桌上,待凝固成平板。

(2)表层培养基。①组氨酸-生物素混合液。称取 1.22 mg *d*-生物素、0.77 mg *L*-组氨酸加入盛有 10 mL 温热蒸馏水的锥形瓶中即可。②称取 0.5 g 氯化钠,0.6 g 优质琼脂,加入盛有 100 mL 蒸馏水的三角烧瓶中,加热、搅拌至完全溶解;再加入 10 mL 组氨酸-生物素混合液,加热、混匀、趁热分装于 13 mm×100 mm 的小试管,每支 3 mL,每管加 2.5 mL,121℃灭菌 20 min。表层培养基用于样品致突变性实验。

(3)营养肉汤:牛肉膏 0.5%、蛋白胨 1%、NaCl 0.5%,用 2 mol 的氢氧化钠调 pH 为 7.2,0.103 MPa 下 121℃高压蒸汽灭菌 20 min。营养牛肉汤用于制备试验菌液。

(4)营养琼脂:在上述营养肉汤中加 2%的琼脂,据需要分装后置于 0.103 MPa 121℃ 高压蒸汽灭菌 20 min,冷至 50℃左右时倒入无菌平皿。营养琼脂用于菌种基因型(rfa\ △uvrB)鉴定。

4. 待测化合物

将待测物配制成不同浓度溶液,通常至少设 3 个浓度梯度。据待测物情况,每 0.1 mL 待测液中可含待测物百分之几微克至上千微克,最高不能超过该物的抑菌浓度。能溶于水的物质可用无菌蒸馏水配制;不溶或者难溶于水的样品可用二甲基亚砜(DMSO,光谱纯或分析纯)作为待测液的溶剂;对于既不溶于水又不溶于二甲基亚砜的样品,可选用 95%的乙醇、丙酮、甲酰胺、乙腈、四氢呋喃等作为配制待测液的溶剂。待测液配好后贴上标签,冰箱保存备用。

5. 阳性对照物(验证性致突变物)

原则上要求所用阳性物应易获得、具代表性并对人体的毒性较低。本实验推荐使用的阳性对照物见表 3-1 和表 3-2。

表 3-1　掺入法中使用的阳性物

阳性物	浓度 /(μg/0.1 mL)	S-9	TA97	TA98	TA100	TA102
道诺霉素	6.0	—	124	3 123	47	592
叠氮化钠	1.5	—	76	3	3 000	188
丝裂霉素	0.5	—	抑菌	抑菌	抑菌	2 772
敌克松	50	—	2 638	1 198	183	895
6-MP	200	—		—	＋	
环磷酰胺	200	＋		—	＋	
2-AF	20	＋	337	143	937	255

注:①表中 3 栏至 7 栏中的数字表示每皿回复突变菌落数,仅供参考。②致突变性用"—""＋"及数目多少表示致突变性为阴性或阳性及强弱。阴性(—):出现的诱发回复突变菌落数为自发回复突变数的 2 倍以上;弱阳性(＋):诱发回复突变菌落数为自发回复突变数的 2~10 倍;阳性(＋＋):诱发回复突变菌落数为自发回复突变数的 10~50 倍;强阳性(＋＋＋):诱发回复突变菌落数为自发回复突变数的 50 倍以上

表 3-2　点试法中使用的阳性物

阳性物	浓度/(μg/0.1 mL)	S-9	TA97	TA98	TA100	TA102
道诺霉素	5.0	－	－	＋	－	＋＋
叠氮化钠	1.0	－	－	±	＋＋＋＋	－
丝裂霉素	2.5	－	抑菌	抑菌	抑菌	＋＋＋
敌克松	50.0	－	＋＋＋＋	＋＋＋	＋＋	＋＋＋
6-MP	80.0	－	－	－	＋	
环磷酰胺	80.4	＋		－	＋	
2-AF	20.0	＋	＋＋	＋＋＋＋	＋＋＋	＋

注：①表中 3 栏至 7 栏中的数字表示每皿回复突变菌落数,仅供参考。②致突变性用"－""＋"度数目多少表示致突变性为阴性或阳性及强弱。阴性(－)：出现的诱发回复突变菌落数为自发回复突变数的 2 倍以上；弱阳性(＋)：诱发回复突变菌落数为自发回复突变数的 2～10 倍；阳性(＋＋)：诱发回复突变菌落数为自发回复突变数的 10～50 倍；强阳性(＋＋＋)：诱发回复突变菌落数为自发回复突变数的 50 倍以上

6. 实验仪器

实验所需仪器如下：高压灭菌器、干热灭菌器、培养箱、冰箱、恒温摇床、混匀器、分析天平、培养皿、移液管、小试管、锥形瓶、量筒、吸管、称量瓶、分光光度计、定量加样器、紫外光灯。

另外需要制备肝匀浆的器皿：注射器、台秤、剪刀、烧杯、匀浆管、高速离心机、血清瓶。

7. 肝微粒体酶系(S-9 上清液)及 S-9 混合液

(1)制备肝匀浆：所用器皿、刀剪、溶液都需保持无菌,并在 0℃～4℃下(也可在冰浴中)操作。选健康的成年雄性大白鼠 3 只(每只体重在 300 g 左右),称重,每千克体重腹腔注射诱导物五氯联苯油溶液 500 mg(五氯联苯油溶液用玉米油配制,浓度为 200 mg/mL)提高酶活力。注射后第 5 天杀鼠,杀前大鼠禁食 12 h(可饮水)。取 3 只大白鼠的肝脏合并后称重,用 0.15 mol/L 氯化钾溶液洗涤 3 次,剪碎,每克肝脏(湿重)加 3 mL 0.15 mol/L 氯化钾溶液,制成肝匀浆。

(2)制备 S-9 上清液：肝匀浆经以 9 000 r/min 的转速离心 10 min,取上清液(即 S-9)分装至小试管,每管 1～2 mL,液氮速冻,－80℃冷藏备用。

(3)配制 S-9 混合液：每 50 mL S-9 混合液的成分组成见表 3-3。

表 3-3　S-9 混合液配方

组分	50 mL S-9 混合液	
	标准 S-9 混合液	高浓度 S-9 混合液
大鼠肝 S-9 上清液	2.0 mL(4%)	5.0 mL(10%)
氯化钾(1.65 mol/L)和氯化镁(0.4 mol/L)的混合盐溶液	1.0 mL	1.0 mL
1 mol/L 葡萄糖-6-磷酸	0.25 mL	0.25 mL
0.1 mol/L NADP(辅酶Ⅱ)	2.0 mL	2.0 mL
0.2 mol/L 磷酸缓冲液(pH 7.4)	25.0 mL	25.0 mL
无菌蒸馏水	19.7 mL	16.75 mL

配制 S-9 混合液前,可预先将表 3-3 中各组分配制成贮备液。0.1 mol/L 的 NADP 及 1 mol/L 的葡萄糖-6-磷酸在配好后可用 0.22 μm 滤膜过滤除菌;也可直接在已灭菌的具塞试管内用无菌蒸馏水配制而不需过滤。用蒸馏水配制氯化钾(1.65 mol/L)和氯化镁(0.4 mol/L)的混合盐溶液(一种溶液中含有此两种盐)及 0.2 mol/L 的磷酸缓冲液(每 520 mL 缓冲液由 60 mL 0.2 mol/L 的一水合磷酸二氢钠和 440 mL 的 0.2 mol/L 的一水合磷酸氢二钠组成),经 121℃高压蒸汽灭菌 20 min,普通冰箱贮存备用。取无菌锥形瓶置于冰浴中,按照表 3-3 由下到上依次混合各组分,整个操作过程要求在无菌、低温(0℃)的条件下进行。S-9 混合液应现用现配,用后的剩余部分弃掉。

S-9 上清液的适宜用量:S-9 混合液中的 S-9 上清液用量过多或过少都会降低间接致突变物活性的表现。常规筛检实验中,首先使用标准 S-9 混合液(见表 3-3)。若此情况下样品实验结果为阴性,则应增加 S-9 上清液的用量,配成高浓度的 S-9 混合液重新进行实验。

8. 母板:氨苄青霉素平板和氨苄青霉素/四环素平板

配制母板准备如下:琼脂 15 g、蒸馏水 680 mL、VB 培养基 E 200 mL、20%葡萄糖、无菌 L-盐酸组氨酸一水物(L-组氨酸·HCl·H₂O,2 g/400 mL 蒸馏水)10 mL、无菌 0.5 mmol/L d-生物素 6 mL、8 mg/mL 氨苄青霉素溶液(用无菌的 0.02 mol/L 氢氧化钠水溶液配制)3.15 mL、8 mg/mL 四环素溶液(用无菌的 0.02 mol/L 盐酸配制)。

琼脂放入蒸馏水中,121℃、0.103 MPa 灭菌 20 min,趁热混入无菌的葡萄糖、VB 培养基 E 和 L-组氨酸溶液,混匀,冷却至 50℃左右,再加入无菌 d-生物素及氨苄青霉素。对用于 TA102 菌株培养的平板,还应再加入无菌四环素溶液,此平板在 4℃下可保存 2 个月。平板倒好后应及时接种,37℃培养 48 h,置于冰箱保存。氨苄青霉素平板用于保存和鉴定具 R 因子的菌株;氨苄青霉素/四环素平板用于保存和鉴定 TA102 菌株的 pAQ1 质粒及 R 因子。

四、实验前实验菌液的准备

用无菌小勺刮取适量的冻干菌种或直接由母板挑取适量的菌落接种于 10 mL 营养肉汤中（增菌肉汤用 50 mL 锥形瓶盛）。接种后将培养液置于 37℃摇床（120 r/min）培养 10～12 h，此时菌液浓度要求达到每毫升 $1×10^9$～$2×10^9$ 个。菌液浓度的判断可参照多次活菌计数的结果；或者在 650 nm 波长下测其透光率，以透光率作为菌液浓度参数。试验菌液符合要求后应尽快投入实验。

五、实验步骤

1. 致突变性实验

（1）掺入法：先在平皿上编号标记，每种菌株每一测试浓度应设立三皿平行。取熔化并保温于 45℃水浴的表层培养基一管，依次加入下列组分：实验菌液 0.1 mL、S-9 混合液 0.5 mL、待测液 0.1 mL，在电动混匀器上充分混匀约 3 s 后，迅速倒在底层培养基上，使表层培养基均匀铺于底层培养基上，放实验台上冷凝。上述操作要动作迅速，保证在20 s 内完成，注意避光。将凝固后的平板放于恒温箱 37℃培养 48 h，观察结果。测试未知样品应在 S-9 条件下同时进行。

（2）点试法：标记平皿，取熔化后并保温在 45℃水浴的表层培养基一管，依次加入下列组分：实验菌液 0.1 mL、S-9 混合液 0.5 mL，在电动混匀器上充分混匀约 3 s 后，迅速倒在底层培养基上，使表层培养基均匀铺于底层培养基上，放实验台上冷凝。用直径 6 mm 的无菌滤纸片沾取 10 μL 左右的待测液，轻放于已凝固的表层琼脂上，每皿可放滤纸片 1～5 张。将平皿放于恒温箱 37℃培养 48 h，观察结果。

2. 对照

为保证 Ames 实验的可靠性，在检测样品时，每次实验均需做自发回复突变对照、阳性对照及阴性对照。自发回复突变对照是指在表层培养基中不加待测液，只加实验菌液，在 S-9 混合液条件下观察每皿回复突变菌落数。阴性对照物为配制待测样品所用的溶剂。阳性对照是在实验平皿中加入已知致突变物，考察实验的敏感度和可靠性（阳性物选用见表 3-1 和表 3-2）。

六、结果与评价

1. 掺入法结果

准确计数实验平皿上的回复突变菌落数，计算每组数据的平均数，并以"回复突变菌落均数±标准误差"来表示。凡诱变菌落平均数为自发回复突变菌落平均数的 2 倍或 2 倍以上且具有一定的剂量反应关系者，认为该待测物 Ames 实验阳性，为致突变物。实验结果也可用突变率（MR＝Rt/Rc）表示。

$$突变率(MR)=\frac{诱变菌落平均数/皿(Rt)}{自发回复突变菌落平均数/皿(Rc)}$$

只有当突变率≥2时,才认为 Ames 实验阳性。对于纯化学待测物,当实验浓度达每皿 500 μg(或达到对测试菌株无抑制作用的最大剂量)仍未见阳性结果时,便可报告该待测物为 Ames 实验阴性。

对阳性结果的化合物,其试验结果数据要经统计分析(计算剂量与回变菌落均数之间的相关系数,并进行相关显著性检验),确证具可重复的剂量反应关系,方能最后确认其为阳性。

2. 点试法结果

凡在点样纸片周围长出一圈密集可见的 his⁺ 回复突变菌落者,即可初步认为该待测物为致突变物。如仅在平板上出现少数的散在菌落则为阴性。

无论是掺入法还是点试法检测,实验平皿琼脂表面 his⁺ 回复突变菌落下均会有一层菌苔作为背衬。观察结果时,一定要见到此层菌苔方可确认 his⁺ 回复突变菌落。该菌苔系 his⁺ 菌株利用表层培养基中所含的微量组氨酸生长分裂数次后所形成的。这种生长对产生诱变作用是必要的。

七、思考题

(1)实验中要注意哪些问题?

(2)实验中添加 S-9 混合液有何意义?

实验 3-2 聚合酶链式反应(PCR)

一、实验目的

(1)了解 PCR 反应的基本原理。

(2)掌握利用 PCR 反应扩增 DNA 的操作技术和方法。

二、实验原理

聚合酶链式反应(polymerase chain reaction,PCR)是一种在体外快速扩增特定基因或 DNA 序列的方法,故又称基因的体外扩增法。DNA 不需通过克隆而在体外扩增,短时间内合成大量 DNA 片段。待扩增的 DNA 片断和与其两侧互补的寡核苷酸引物,经变性、退火和延伸若干个循环后,DNA 扩增 2^n 倍。它广泛应用于法医鉴定、医学、卫生检疫和环境检测等方面。因 PCR 检测速度快,只需 5～6 h 就可了解结果,深受检测单位关注,并被积极研究和应用。

1. PCR 扩增 DNA

PCR 是天然 DNA 复制过程的模拟,即对特定核酸基因片段进行体外扩增的技术。典型的 PCR 反应体系包括 DNA 模板,反应缓冲液,脱氧核苷三磷酸(dNTP),Mg^{2+},上、下游引物、耐热 TaqDNA 聚合酶。PCR 过程包括变性、退火和延伸 3 个阶段。从理论上讲,每经过一个循环,样本中的 DNA 量增加一倍,新形成的链又可成为新一轮循环的模板,经过 20～30 个循环后 DNA 可扩增 10^6～10^9 倍。

2. DNA 检测

常用琼脂糖凝胶电泳检测提取的 DNA 和 PCR 产物。DNA 分子在碱性电泳缓冲液中带负电荷,在电泳仪外加电场的驱动下向正极泳动。DNA 片段的相对分子质量大小和构型决定着电泳速率及分离效果。以双链线性 DNA 为例,不同相对分子质量 DNA 的电泳分离需要使用不同浓度的琼脂糖凝胶。DNA 片段越小,所需琼脂糖凝胶浓度越高。电泳完成后,使用溴化乙啶(EB)、Goldview 或 SYBRGreen 等核酸染料对凝胶中的 DNA 进行染色。结合了上述染色剂的 DNA 分子在紫外光照射下发射荧光,且荧光强度与 DNA 的含量成正比。可使用凝胶成像系统进行成像,并对成像图谱进行分析。

三、实验器材

1. 仪器

所用仪器如下:PCR 仪、电泳仪及水平电泳槽、紫外照射仪、离心管、高速离心机、震荡混合器、PCR 管、微量移液器及枪头。

2. 试剂

(1)10×PCR 缓冲液(10～50 mmol/L Tris-HCl,pH 7.5～9.0,6～50 mmol/L KCl),$MgCl_2$ 溶液(10 mmol/L),蒸馏水。

(2)4×dMTP(每种 25 mmol)。

(3)Tag 酶 1 U/μL。

(4)β-actin DNA 模板(1 nmol/L)。

(5)扩增 β-actin 目的片段的寡核苷酸引物(10 μmol/L)购自 Promega 公司。

正向引物(引物Ⅰ)序列:TCATGAAGTGTGACGTTGACATCCG;负向引物(引物Ⅱ)序列:CCTAGAAGCTTTGCGGTGCACGATG。

四、操作步骤

(1)取 2 个 PCR 管,分别用作空白对照和实验管,用记号笔做好标记。放置在冰上。

(2)向空白对照和实验管中分别加入表 3-4 中所列试剂。每加一种试剂要换一个枪头。

(3)盖好管子,在振荡器上振荡混匀。

(4)置高速离心机中短暂离心。

表 3-4　PCR 反应体系

试剂	实验管/μL	对照管/μL
β-actin DNA 模板(1 nmol/L)	2.0	0.0
10×PCR 反应缓冲液	2.0	2.0
MgCl$_2$(15 mmol/L)	2.0	2.0
正向寡核苷酸引物(10 μmol/L)	1.0	1.0
反向寡核苷酸引物(10 μmol/L)	1.0	1.0
dNTP(每种 25 mmol/L)	2.0	2.0
Tag 酶(1 U/μL)	0.5	0.5
蒸馏水	9.5	11.5

(5)将 PCR 管放入预热至 94℃的 PCR 仪中,按下列程序开始反应:①94℃,变性 30 s。②60℃,退火 30 s。③72℃延伸 1 min。④重复①~③25 次。⑤72℃延伸 5 min。⑥反应结束后将 PCR 管取出,4℃保存直至电泳分析。

五、电泳检测结果分析

使用琼脂糖凝胶电泳检测扩增产物。电泳结束后,将电泳凝胶放到紫外照射仪中观察,若电泳凝胶显示清晰的条带,则实验成功。

六、注意事项

(1)每个 PCR 实验必须有一个阴性对照和阳性对照。阳性对照是为了检测 PCR 的效率,而阴性对照是检测反应体系中是否有目标 DNA 的污染。本实验的实验管即为阳性对照。

(2)对于步骤(5),如果 PCR 仪无热盖,则应在 PCR 管中加一滴石硴油以防止 PCR 反应时液体蒸发。反应结束后,可在管中加入 100 μL 的氯仿抽提去除石硴油。

七、思考题

在添加完样品和试剂后要离心,离心的目的是什么?

实验 3-3　实时荧光定量 PCR 的使用

一、实验目的

(1)了解实时荧光定量 PCR 的原理。

(2)学习分析仪器自动绘制的扩增图像。

(3)掌握实时荧光定理 PCR 的操作技术和方法。

二、实验原理

同实验 3-2 的 PCR 反应原理，只是多了同步分析。

三、实验器材

1. 仪器

实验所需仪器有实时荧光定量 PCR 仪、台式冷冻高速离心机、移液器。

2. 试剂

本实验使用天根试剂盒。

四、实验步骤

(1)提取特定的基因片段。

(2)参照所选用的试剂盒说明配置扩增反应体系。

(3)加入阴性对照和阳性对照。阴性对照为超纯水，阳性对照为已知的特异片段。

(4)将样品加入配置好的反应体系。

(5)放入实时荧光定量 PCR 仪。

(6)设置反应参数(包括退火、延伸、循环)。

五、实验结果分析

分析扩增图像：若图像上扬则呈阳性，表示含有该特异片段；图像呈波形或向下则呈阴性，表示不含该特异片段。

六、思考题

实验为什么要设置阴性和阳性对照？

实验 3-4　土壤微生物的 PCR 检测

一、实验目的

(1)了解土壤微生物 DNA 提取的原理和方法。

(2)掌握 PCR 反应的原理、实验操作和 DNA 检测技术。

(3)学习用 PCR 技术检测土壤中细菌、真菌和放线菌等微生物。

二、实验原理

传统的微生物检测方法局限于环境中极少部分(0.1%～1%)可培养的种类。PCR可以简便、灵敏、快速、特异性地检测微生物,目前已广泛用于土壤、水体、大气等环境监测领域。PCR检测大致需4个步骤:提取DNA、选择靶标基因、PCR扩增DNA、DNA检测。

1. 提取土壤微生物DNA

土壤微生物DNA的提取包括细胞破壁、核酸抽提、核酸沉淀和核酸纯化。若土壤样品中腐殖酸含量较高(腐殖酸会干扰PCR扩增),还需用交联聚乙烯吡咯酮(PVPP)纯化柱纯化DNA提取液。

2. 选择合适的靶标基因

本实验选择微生物核糖体小亚基基因(即原核微生物的16S rRNA和真核微生物的18S rRNA)作为靶标基因。这些基因包含若干可变区和保守区,保守区与可变区连续交替分布。不同种类微生物的可变区序列不同。根据保守区序列合成PCR引物可扩增核糖体小亚基基因的可变区段,用于区分不同种类微生物。本研究选取338F/518R、NS1/ns2+10和234F/518R这3对引物来分别扩增细菌、真菌和放线菌的核糖体小亚基基因。

三、实验器材

1. 土壤样品

实验样品为农田土壤和林地土壤。

2. PCR扩增引物

用于扩增细菌、放线菌和真菌核糖体小亚基基因的引物和扩增产物片段大小见表3-5。

表3-5　PCR扩增引物及其序列

	靶标基因	引物名称	引物序列(5′—3′)	扩增产物大小/bp
细菌	16S rRNA	338F	ACT CCT ACG GGA GGC AGC AG	181
		518R	ATT ACC GCG GCT GCT GG	
真菌	18S rRNA	NS1	CCA GTA GTC ATA TGC TTG TC	567
		NS2+10	GAA TTA CCG CGG CTG CTG GC	
放线菌	16S rRNA	234F	GGA TGA GCC CGC GGC CTA	285
		518R	ATT ACC GCG GCT GCT GG	

3. 阳性对照菌株

实验所用阳性对照菌株为大肠杆菌（*Escherichia coli*）、产黄青霉（*Penicillium chrysogenum*）和灰色链霉菌（*Streptomyces griseus*）。

4. 培养基

实验所用培养基有牛肉膏蛋白胨液体培养基、高氏 1 号液体培养基、马丁氏液体培养基。

上述 3 种培养基配方见附录三。

5. 试剂

实验所用试剂列举如下。

（1）土壤微生物 DNA 提取试剂盒：FastDNA® Spin kit for soil。

（2）细菌、真菌 DNA 提取试剂盒。

（3）核酸提取缓冲液（0.2 mol/L 磷酸氢二钠溶液和 1‰ SDS）：称取 42.98 g 十二水磷酸氢二钠和 10.0 g 十二烷基硫酸钠（SDS）溶于 800 mL 无菌去离子水中，并定容至 1 L。

（4）氯仿-异戊醇混合液（24∶1）：量取分析纯氯仿 120 mL 和分析纯异戊醇 5 mL 混合。

（5）酚-氯仿-异戊醇混合液（25∶24∶1）：量取分析纯酚 50 mL 和氯仿-异戊醇混合液（24∶1）溶液 50 mL 混合。

（6）乙酸钠（3 mol/L）：称取分析纯乙酸钠 24.609 g 溶于 80 mL 无菌去离子水中，并定溶至 100 mL。

（7）异丙醇：分析纯。

（8）乙醇（70%）：量取 350 mL 无水乙醇加入到 150 mL 无菌去离子水中。

（9）TE 缓冲液：量取 5 mL 1.0 mol/L Tris-HCl 溶液（pH 8.0）和 1 mL 0.5 mol/L EDTA 溶液（pH 8.0）400 mL 至无菌去离子水中，定容至 500 mL，121℃ 高温灭菌 20 min。

（10）PCR 缓冲液（10×）、脱氧核苷三磷酸（dNTP，各 2.5 mmol/L）、TaqDNA 聚合酶（5 U/μL）、Mg^{2+}（25 mmol/L）。

（11）Goldview DNA 染料。

（12）DNA Marker：100 bp DNA Ladder 和 λHindⅢ Marker。

（13）DNA 上样缓冲液（6×）。

（14）TAE 缓冲液（50×）：称取三羟甲基氨基甲烷（Tris）242 g、$Na_2EDTA \cdot 2H_2O$ 37.2 g 于 1 L 烧杯中，加入约 800 mL 去离子水并搅拌均匀；再加入 57.1 mL 的冰乙酸，充分溶解；用 1 mol/L NaOH 调 pH 至 8.3；加去离子水定容到 1 L，室温保存。使用时，稀释 100 倍。

（15）琼脂糖凝胶（0.8%，*W/V*）：称取分生物级琼脂糖 0.8 g 加入到 100 mL 0.5× TAE 缓冲液中，加热溶解，室温保存。

（16）琼脂糖凝胶（1.5%，*W/V*）：称取分生物级琼脂糖 1.5 g 加入到 100 mL 0.5× TAE 缓冲液中，加热溶解，室温保存。

6. 仪器和其他用具

实验所用仪器和其他用具有 PCR 仪（热循环仪，如 Bio-rad C1000）、核酸提取仪、高速离心机、电泳仪、水平电泳槽及制胶器、凝胶成像系统、具螺旋盖 2 mL 离心管、PCR 管（0.2 mL）、直径 0.5 mm 的玻璃珠、移液器等。

四、实验步骤

（一）DNA 的提取和检测

1. 手提法提取土壤 DNA

（1）细胞破壁。在无菌的具螺旋盖 2 mL 离心管中加入 0.5 g 土壤样品、1.0 mL 核酸提取缓冲液和 0.5 g 直径 0.5 mm 的灭菌玻璃珠，旋紧管盖，置于核酸裂解仪，5.5 m/s 振荡 40 s 后，以 14 000 r/min 的转速离心 10 min。

（2）DNA 抽提。将上清液转移至 2 mL 离心管中并加入等体积酚-氯仿-异戊醇混合液（25∶24∶1），抽提 1 次，14 000 r 离心 5 min。将上清液转移至离心管并加入等体积氯仿-异戊醇混合液（24∶1）抽提 1 次，以 14 000 r/min 的转速离心 5 min。

（3）DNA 沉淀：将上清液转移至 2 mL 离心管中并加入适量 3 mol/L 乙酸钠（使其终浓度达到 0.3 mol/L）和等体积异丙醇，于 −20℃ 放置 2 h 以上，使 DNA 沉淀，之后以 14 000 r/min 的转速离心 5 min。

（4）DNA 纯化。弃去上清液，加入预冷的 70% 乙醇洗涤沉淀，14 000 r 离心 5 min。弃去上清液。空干后，加入 30～50 μL TE 缓冲液充分溶解 DNA，置于 −20℃ 环境中保存。

2. 试剂盒法提取土壤微生物 DNA

实验采用 FastDNA® Spin kit for soil 土壤微生物 DNA 提取试剂盒，提取步骤参见说明书。

3. 细菌、真菌和放线菌阳性对照模板 DNA 的提取

挑取大肠杆菌、产黄青霉和灰色链霉菌单菌落分别接种至牛肉膏蛋白胨固体培养基、马丁氏固体培养基和高氏 1 号固体培养基平板，经过一段时间培养，获得大肠杆菌、产黄青霉和灰色链霉菌的纯培养。采用手提法或试剂盒法提取大肠杆菌、产黄青霉和灰色链霉菌 DNA，分别作为细菌、真菌和放线菌 PCR 检测的阳性对照模板 DNA。其中，大肠杆菌菌悬液可直接代替大肠杆菌 DNA 作为细菌阳性对照模板。

4. DNA 的检测

加热熔解 0.8% 琼脂糖凝胶，待降温到 55℃ 左右，倒入制胶器中，并插入制胶梳。待琼脂糖凝胶冷却成型，取 2.5 μL DNA 提取液及 0.5 μL 6×DNA 上样缓冲液混合后，于 0.5×TAE 缓冲液中电泳检测，以 λHindⅢ Marker 作为标准。电泳仪设定电压 100 V，电泳 30 min。电泳完毕，用 Goldview DNA 染色 20 min。在紫外灯下检查电泳结果，并用凝胶成像系统摄像对图像进行分析。

（二）PCR 扩增靶标基因

1. PCR 体系

按表 3-6 将各组分依次加到无菌的 0.2 mL PCR 管底部，混匀。除设置阳性对照外，还须用无菌超纯水来取代模板 DNA 作为阴性对照。

2. PCR 操作步骤

细菌、真菌和放线菌的 PCR 操作步骤按表 3-7 进行。扩增完成后，PCR 产物 4℃保存。

3. PCR 产物的检测

加热熔解 1.5％琼脂糖凝胶，待降温至 55℃左右，倒入制胶器中，并插入制胶梳。等琼脂糖凝胶冷却成型，取 5 μL PCR 产物及 1 μL 6×DNA Loading Buffer 混合后，于 0.5×TAE 缓冲液中电泳检测，以 100bp DNA Ladder 作为 Maker。电泳仪设定电压 100 V，电泳 30 min。电泳完毕，用 Goldview DNA 染色 20 min，在紫外灯下检查电泳结果，并用凝胶成像系统摄像并对图像进行分析。

表 3-6　PCR 体系各组分表

	细菌	真菌	放线菌
10×Taq 聚合酶缓冲液	2.5 μL	2.5 μL	2.5 μL
dNTP(各 2.5 mmol/L)	2 μL	2 μL	2 μL
上、下游引物(20 μmol/L)	各 1 μL	各 1 μL	各 1 μL
Mg^{2+} (25 mmol/L)	1.5 μL	1.5 μL	1.5 μL
模板 DNA(10～100 ng/μL)	1 μL	1 μL	1 μL
Taq DNA 聚合酶(5 U/μL)	1 U	1 U	1 U
阳性对照	大肠杆菌 DNA 1 μL	产黄青霉 DNA 1 μL	灰色链霉菌 DNA 1 μL
阴性对照	1 μL 无菌超纯水		
加超纯水至总体系	25 μL	25 μL	25 μL

表 3-7　PCR 操作步骤

	细菌		真菌		放线菌	
预变性	94℃,5 min		94℃,5 min		94℃,5 min	
变性	94℃,30 s	循环数：30	94℃,30 s	循环数：35	94℃,30 s	循环数：35
退火	55℃,30 s		55℃,30 s		60℃,30 s	
延伸	72℃,30 s		72℃,45 s		72℃,30 s	
末轮延伸	72℃,6 min		72℃,6 min		72℃,6 min	
保存	一直处于 4℃					

五、实验数据记录、分析、处理

在图 3-2 中绘制所提取的土壤微生物 DNA 和 PCR 产物的凝胶电泳成像图谱，并标注图谱中 DNA 片段（包括 Marker）的大小。

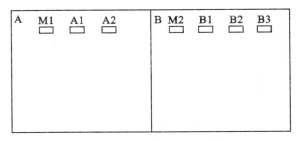

M1：λHind Ⅲ Marker；M2：100 bp DNA Ladder；
A1：农田土壤 DNA；A2：林地土壤 DNA；
B1：细菌 PCR 产物；B2：真菌 PCR 产物；B3：放线菌 PCR 产物

图 3-2　土壤微生物 DNA(A) 和 PCR 产物(B) 凝胶电泳成像力的模拟图

六、思考题

(1) 手提法和试剂盒提取土壤 DNA 的效果是否相同？请分析原因。

(2) 若 PCR 扩增产物条带微弱、弥散或无条带，请分析原因。用什么方法可以提高扩增效率？

实验 3-5　质粒 DNA 的分离纯化和鉴定实验

一、实验目的

(1) 了解质粒 DNA 分离、纯化和鉴定的原理。
(2) 掌握用碱裂解法小量制备质粒 DNA 的方法。

二、实验原理

质粒是独立存在于染色体外的双链环状 DNA 分子，可以从细菌中以超螺旋的形式被分离纯化。它独立于宿主染色体外进行复制和遗传，并且赋予宿主细胞一些表型。通常用作基因工程的质粒载体含有遗传选择标记，可以在相应的选择条件下赋予宿主生长优势。

质粒提取的方法通常有碱裂解法、煮沸法等多种。碱裂解同时结合去垢剂 SDS 可从细菌中分离质粒 DNA。当细菌悬液与高 pH 的强阴离子去垢剂混合后，细胞壁被破坏，染色体 DNA 和蛋白质变性,质粒 DNA 被释放到上清溶液中。尽管碱溶液完全打断了碱基配对,但由于环形质粒 DNA 在拓扑结构上是相互缠绕在一起的,因此质粒的 DNA 双链不会彼此分开。只要处理不太剧烈,当 pH 恢复中性后 DNA 的两条链会立即置新配对。

在裂解过程中,细菌蛋白质、破碎的细胞壁以及变性的染色体 DNA 形成一些网状的大复合物,表面被十二烷基硫酸包裹。当钠离子被钾离子取代时,这些复合物将被有效地从溶液中沉淀出来。当变性物通过离心被去除后,可从上清液中得质粒 DNA。

三、实验器材

1. 菌株和质粒

大肠杆菌 DH5α,携带有 pUC19 质粒。

2. 缓冲液

(1)溶液Ⅰ:50 mmol/L 葡萄糖,25 mmol/L Tris-HCl(pH 8.0),10 mmol/L EDTA(pH 8.0)。

溶液Ⅰ一次可配制约 100 mL,在 121℃高压蒸汽灭菌 15 min,保存于 4℃。

(2)溶液Ⅱ:0.2 mol/L 氢氧化钠(从 10 mol/L 贮存液中现用现稀释),1% SDS(从 10% SDS 贮存液中现用现稀释)。

(3)溶液Ⅲ:5 mol/L 乙酸钾 60 mL,冰乙酸 11.5 mL,水 28.5 mL。所配成的溶液中钾的浓度为 3 mol/L,乙酸根的浓度为 5 mol/L。

3. 试剂

实验所需试剂如下:无水乙醇、冰预冷的 70% 乙醇、酚/氯仿、TE(pH 8.0)、TE(pH 8.0,含 20 μg/mL RNaseA)、LB 培养基、氨苄青霉素。

4. 实验仪器和其他用具

实验所需仪器和其他用具包括摇床、振荡混合器、离心机、微量取液器、枪头、eppendorf 管等。

四、实验步骤

1. 质粒 DNA 的小量快速提取

(1)挑取大肠杆菌 DH5α 单克隆,接种到含有 100 μg/mL 氨苄青霉素的 2 mL LB 培养液中,37℃、250 r/min 培养过夜。

(2)用 1.5 mL 的微量离心管收集 1.0 mL 菌液,以最高速度离心 30 s,剩余的菌液保存于 4℃。

(3)尽量去除上清液。注意:尽可能去除残存的液体,否则残存物质可能影响限制性内切酶对质粒 DNA 的切割。

(4)加入 100 μL 冰预冷的溶液Ⅰ,在振荡器上剧烈振荡,使细菌完全悬浮。

(5)加 200 μL 新鲜配制的溶液Ⅱ,盖紧盖子,快速颠倒 5 次,以混匀溶液,确保整个管子表面都与溶液Ⅱ接触。切勿振荡,否则易造成质粒 DNA 断裂。

(6)加 150 μL 冰预冷的溶液Ⅲ。盖紧盖子,颠倒数次以保证溶液Ⅲ与黏稠的裂解物混合均匀,置冰上 3～5 min。切勿振荡,否则易造成质粒 DNA 断裂。

(7)在 4℃的条件下,以最高速度离心 5 min,将上清液转移到新的离心管中。

(8)加等体积的酚/氯仿,盖紧盖子,振荡 30 s。在 4℃条件下以最高速度离心 2 min,将上清液转移到新的离心管中。

(9)加等体积的氯仿,盖紧盖子,振荡 30 s。在 4℃条件下以最高速度离心 2 min,将上清液转移到新的离心管中。

(10)加 2 倍体积的无水乙醇,振荡混匀后置室温 2 h。

(11)在 4℃的条件下,以最高速度离心 5 min。

(12)小心吸除上清液。将离心管倒置在吸水纸上,吸干流出的液体。尽量吸干管壁的液滴。注意:尽可能去除残存的液体,否则残存物质可能影响限制性内切酶对质粒 DNA 的切割。

(13)加 1 m 17%的乙醇。颠倒管子数次。在 4℃条件下以最高速度离心 2 min。

(14)按步骤(12)的方法,吸除上清液。注意要十分小心,因此时沉淀与管底贴附不紧。

(15)将离心管敞开盖子置室温 5～10 min,直至管中的液体完全蒸发。注意:质粒 DNA 不宜过于干燥,不然将难以溶解,并可能变性。

(16)用 50 μL 含 20 μg/mL RNaseA 的 TE(pH 8.0,无 DNase)溶解 DNA。振荡若干秒钟,保存于一20℃。

2. 质粒 DNA 的纯化(PEG 法)

(1)加等体积饱和酚,混匀,以 12 000 r/min 的转速在室温条件下离心 5 min。

(2)取上清液,加等体积氯仿,混匀,以 12 000 r/min 的转速在室温条件下离心5 min。

(3)取上清液,加等体积 13%PEG 8 000,置冰上放置 30 min。

(4)以 12 000 r/min 的转速在室温条件下离心10 min,弃上清液,用 TE 溶解备用。

3. DNA 电泳检测

(1)用 1×TAE 配制 0.7%的琼脂糖凝胶。

(2)置微波炉中加热至沸腾。

(3)按 1 ng/100 mL 的量加入溴化乙啶。

(4)待稍冷却后倒入胶槽中,制备 DNA 检测用凝胶。

(5)待凝胶完全凝固后.将凝胶放入电泳槽中。在电泳槽中加入 1×TAE 至液面恰好漫过凝胶表面。

(6)吸取 10 μL DNA 样品与 1 μL 10×电泳样品缓冲液混匀。

(7)将样品加入凝胶的样品孔中。

(8)在实验组样品旁的样品孔中加入 5 μL DNA Marker(图 3-3)。

(9)在加样孔侧接负电极,相反方向接正电极,以 5 V/cm的恒定电压电泳。

(10)电泳结束后,将凝胶取出,置紫外暗箱观察 DNA 样品的电泳情况,进行记录或拍照。

五、实验结果

绘图表示质粒的电泳情况,并依据 DNA Marker 判断片段的大小。

六、注意问题

所用离心管及枪头在使用前必须灭菌。

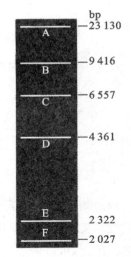

图 3-3　λ HindⅢ marker
电泳示意图谱

实验 3-6　基因工程菌的连续培养和降解效率的测定实验

一、实验目的

(1)了解连续培养法测定基因工程菌稳定性的原理。
(2)掌握连续培养基因工程菌的操作技术和方法。

二、实验原理

由于外源蛋白的表达增加了微生物代谢负担,基因工程菌在培养过程中会出现不稳定现象,表达质粒丢失导致目的蛋白产量下降。因此,在生产过程中要首先确定菌株的稳定性。

连续培养装置(图 3-4)利用限制性底物来控制微生物的生长速度,保持体系中微生物的浓度始终处于一定的值。连续培养重要的控制参数是稀释度(D)。

$$D=f/V$$

其中 f 为底物流入速度,V 为连续培养装置中培养液体积。

当稀释度与体系中微生物的比生长速率 μ 相同时,只要 μ 不超过其最大比生长速率 μ_{max} 就可以保持体系的连续培养。细菌的比生长速率可以用以下公式计算:

$$\mu=0.693/g(g \text{ 为在一定条件下细菌的代时})$$

通过测定大肠杆菌在连续培养条件下的代时,就可以确定稀释度,从而建立基因工程菌的连续培养体系。

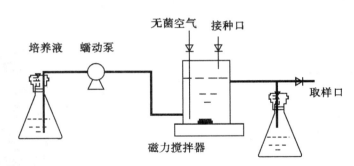

图 3-4　简单连续培养装置示意图

通过测定连续培养过程中基因工程菌降解甲基对硫磷的能力,就可以确定降解菌的稳定性。工程菌降解甲基对硫磷后产生的对硝基苯酚在 pH 为 10 的条件下呈现稳定的黄色。因此,可以通过比色法测定其在 410 nm 处的 OD 值获得对硝基苯酚的产量,从而测定工程菌对甲基对硫磷的降解能力。

三、实验器材

(1)菌种:大肠杆菌 BL21(含 pET-mpd)。

(2)培养基及试剂:LB 培养基(含 IPTG 0.5 mmol/L),甲基对硫磷(50％乳油),对硝基苯酚(分析纯),甘氨酸-氢氧化钠缓冲液(pH 10)。

(3)仪器:紫外分光光度计,台式高速离心机,超声波破碎仪,连续培养装置。

四、实验步骤

1. 对大肠杆菌(BL21)的代时测定

以 LB 为培养基测定 BL21 菌的生长曲线,以对数初期代时作为连续培养时的代时,计算其比生长速率。此比生长速率可以作为连续培养时的稀释度的近似值。

2. 连续培养体系的建立

在连续培养装置中接种 BL21 菌,培养至 OD 值达到 0.6。按 $f = V \times \mu$ 的流速流加 LB 培养基,同时定时检测流出液的 OD 值,直至 OD 值稳定。

3. 降解菌活性的测定

OD 值稳定后,每 2 h 取样 5 mL,破碎菌体细胞,取上清液测定蛋白质含量及酶活。蛋白质含量采用紫外比色法测定,分别测定 OD_{260} 和 OD_{280},按公式 $C_{pr} = 1.55OD_{280} - 0.75OD_{260}$ 估算蛋白质浓度。

建立以下反应体系测定工程菌降解能力:

于 5 mL pH 8.8 的巴比妥-盐酸中依次加入 1 μL 上清液、1 μL 甲基对硫磷(50％乳油),4℃反应 20 min。取 0.5 mL 反应液加入到 4.5 mL 甘氨酸-氢氧化钠缓冲液中,于 410 nm 处测定 OD 值。

4. 不同浓度对硝基苯酚的 OD_{410} 标准曲线的建立

配置 0.1% 对硝基苯酚母液,取相应体积至 9.5 mL pH 10.0 甘氨酸-氢氧化钠缓冲液中,于 410 nm 处测定 OD 值,计算回归方程(表 3-8)。

5. 作图

根据不同取样时间测定的工程菌降解能力对时间作图,考察工程菌的稳定性。

表 3-8　各组分添加量一览表

对硝基苯酚(1 000 mg/L)	20 mL	40 mL	60 mL	80 mL	100 mL	200 mL	400 mL
对硝基苯酚浓度/(mg/L)	2	4	6	8	10	20	40
甘氨酸-氢氧化钠/mL	9.5	9.5	9.5	9.5	9.5	9.5	9.5
水/mL	480	460	440	420	400	300	100

五、数据处理

(1)计算大肠杆菌 BL21 在 LB 中培养时的代时。

(2)绘制不同浓度对硝基苯酚的 OD_{410} 标准曲线。

(3)计算不同培养时期工程菌降解酶的活性。

六、思考题

在保证菌株性能稳定的条件下,比较分批培养与连续培养的优缺点。

实验 3-7　微生物细胞的固定化技术实验

一、实验目的

(1)了解微生物细胞固定化的基本原理。

(2)掌握微生物细胞的固定化操作技术。

二、实验原理

生物固定化技术是现代生物工程领域中一项新兴技术,能使生物催化剂(酶、微生物细胞、动植物细胞、细胞器等)得到更广泛、更有效的应用。目前经常采用的生物催化剂固定化方法主要有载体结合法、交联法、包埋法和逆胶束酶反应系统。

微生物细胞的固定化方法,以包埋法最常用。包埋法是将微生物包裹在凝胶微小格子(格子型)中或将微生物包裹于半透性的聚合物膜(微胶囊型)内的固定方法。其特点是能将固定化微生物制成各种形状(球形、块形、圆柱形、膜状、布状、管状等),并且固定化后的微生物能繁殖,应用最广。

常用的固定化载体包括各种无机吸附材料和有机高分子材料。有机高分子材料可分为天然高分子多糖和合成高分子化合物:天然高分子多糖如琼脂、卡拉胶、海藻酸钠等,合成高分子化合物如聚乙烯醇、聚丙烯酰胺、光敏树脂等。

从海藻中提取获得的藻酸盐(常为钠盐)与阳离子(如钙离子、铝离子)可诱导凝胶形成,作为微生物细胞包埋的载体。微生物细胞包埋于藻酸钙凝胶中的方法主要有两种类型,即外交凝法和内交凝法,前者应用较广。外交凝法是将微生物细胞与藻酸钠溶液混和后,通过一注射器针头或相似的滴注器将上述混合液滴入氯化钙溶液中,钙离子从外部扩散入藻酸钠-细胞混合液珠内,使藻酸钠转变成不溶的藻酸钙凝胶,由此将细胞包埋其中。用于外交凝法制备藻酸钙凝胶装置有简单滴露法固定化装置(图3-5),也可用一般医用注射器进行改装。

本实验采用藻酸钙凝胶包埋法使酿酒酵母固定化,吸附重金属铜离子。

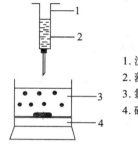

1. 注射器外套
2. 藻酸钠-细胞混合液
3. 氯化钙溶液
4. 磁力搅拌器

图 3-5　简单滴露法固定化装置

三、实验器材

(1)酿酒酵母。

(2)培养基:YEPD 液体培养基,4% 藻酸钠溶液(高压灭菌,4℃存放),0.05 mol/L 氯化钙溶液(pH 6～8,高压灭菌),15 mg/L 铜离子溶液。

(3)仪器:原子吸收分光光度计,水平式离心机,恒温振荡器,磁力搅拌器,蠕动泵。

(4)其他用具:10 mL 注射器外套及 5# 头皮静脉针,100 mL 三角烧瓶(无菌),20℃～22℃及 37℃水浴,50 mL 带盖离心管(无菌),20 mm×120 mm 层析柱。

四、操作步骤

(1)培养分离菌体:以无菌操作将酿酒酵母接入 YBPD 液体培养基中,28℃温度下振荡培养 36 h,离心,得到菌体。用无菌水洗涤菌体 2 次。

(2)制作菌悬液:将 2.5 g 湿菌体移入 5 mL 无菌去离子水中,摇匀得到菌悬液。

(3)加入 5 mL 4% 藻酸钠溶液,充分混匀。

(4)将 50 mL 0.05 mol/L 氯化钙溶液移入锥形瓶中。将头皮静脉针通过锥形瓶口的棉塞伸入瓶内,并与 10 mL 注射器连接。将此锥形瓶置于 37℃水浴中 10 min。

(5)将藻酸钠-菌体混悬液移入注射器中,适度加力,将藻酸钠-菌体悬液滴入 0.05 mol/L 氯化钙溶液中。

(6)滴完,将锥形瓶移入 20℃～22℃水浴中,放置 1 h。

(7)倾去溶液,加入 100 mL 无菌去离子水冲洗 1 次。

(8)重新加入 50 mL 0.05 mol/L 氯化钙溶液,4℃平置过夜。

(9)将固定化酵母细胞放入烧杯中,加水浸泡。

(10)在层析柱的底部加入颗粒状硅胶,以增加过滤速度。将烧杯中的已固定化的菌体和水一起倒入层析柱中,用去离子水洗涤至 pH 为 6.0。

(11)配制 15 mg/L 的铜离子溶液 100 mL,过柱,流速控制在 5 mL/min。

(12)用原子吸收分光光度计测量流出液中铜离子的浓度。

(13)用 1 mol/L 硫酸 50 mL 冲洗层析柱,测量流出按中铜离子的浓度。

(14)用去离子水洗涤至 pH 为 6.0。重复(11)至(13)步。

(15)用原子吸收分光光度计测量流出液中铜离子的浓度。

五、数据处理

按下列公式计算,填入表 3-9 中。

固定化菌体吸附率＝(加入金属离子量－流出金属离于量)/加入金属离子量×100%

酸洗回收率＝酸洗得到的金属离子量/固定化菌体吸附量×100%

表 3-9　实验数据统计表

循环	铜离子流出量	酸洗后铜离子流出量	固定化菌体吸附率	酸洗回收率
1				
2				
3				

六、注意事项

(1)在使用藻酸钙包埋细胞时,应尽量使培养基中不含有钙螯合剂(如磷酸根)。钙螯合剂可导致钙的溶解进而导致凝胶的破坏。

(2)包埋细胞在凝胶珠中分裂或搅拌不当会导致包埋细胞的流失。

(3)由于藻酸钙凝胶网络的孔径尺寸太大,酶会从网络中泄漏出来,因此不适合大多数酶的固定化。

(4)高浓度的钾离子、镁离子、磷酸根以及其他单价金属离子会破坏藻酸钙凝胶的结构。

(5)由藻酸钠制备藻酸钙时,钙离子加入方式对藻酸钙凝胶的性质影响很大。如果钙离子加入太快,会导致局部凝胶化,形成不连续的凝胶结构。可以利用慢速溶解的钙盐来控制钙离子的加入速度。

七、思考题

试分析固定化微生物有什么优点和缺点。

附 录

附录一 环境微生物实验安全、无菌概念、急救

一、微生物实验安全

(1)实验过程中,切勿将乙醇、丙酮等易燃品靠近火焰。如遇火险,要先切断火源,再用沙土或湿布灭火,必要时应使用灭火器。

(2)凡是产生烟雾、有毒气体和有臭味气体的实验,均应在通风橱内进行。橱门应紧闭,非必要时不能打开。

(3)称量药品时严禁药匙交叉使用,也严禁取出的药品又倒回药瓶中,以免造成污染。严禁用嘴吸取试剂或菌液。

(4)使用过的废液及琼脂培养基不得直接倒入水池,应先进行灭菌处理,然后再将废液倒入下水道,将琼脂培养基埋掉。

(5)遇有盛菌的试管或试剂瓶打破要及时报告。

(6)离开实验室前要将桌面擦净,清扫卫生,检查电源、火源、自来水、门窗是否关闭,以确保安全。

二、无菌概念

实际上这只是一种习惯用语。实验、科研或生产实践中使用的微生物必须是纯种或单一的菌株,也就是除实验用菌外,无其他杂菌的污染。

三、实验室急救

在实验过程中不慎发生受伤事故,应立即采取适当的急救措施。

(1)受玻璃割伤及其他机械损伤:首先必须检查伤口内有无玻璃或金属等的碎片,然后用硼酸水洗净,再擦碘酒或紫药水,必要时用纱布包扎。若伤口较大或过深而大量出血,应迅速在伤口上部和下部扎紧血管止血,立即到医院诊治。

(2)烫伤:一般用浓的(90%～95%)乙醇消毒后,涂上苦味酸软膏。如果伤处红痛或红肿(一级灼伤),可用橄榄油或用棉花沾酒精敷盖伤处;若皮肤起泡(二级灼伤),不要弄

破水泡,防止感染;若伤处皮肤呈棕色或黑色(三级灼伤),应用干燥且无菌的消毒纱布轻轻包扎好,急送医院治疗。

(3)强碱(如氢氧化钠、氢氧化钾):钠、钾等触及皮肤而引起灼伤时,要先用大量自来水冲洗,再用5%乙酸溶液或2%乙酸溶液涂洗。

(4)强酸、溴等触及皮肤而致灼伤时,应立即用大量自来水冲洗,再以5%碳酸氢钠溶液或5%氢氧化铵溶液洗涤。

(5)如酚触及皮肤引起灼伤,应该用大量的自来水清洗,并用肥皂和自来水洗涤,忌用乙醇。

(6)若媒气中毒时,应到室外呼吸新鲜空气。中毒严重时应立即到医院诊治。

(7)水银容易由呼吸道进入人体,也可以经皮肤直接吸收而引起积累性中毒。严重中毒的征象是口中有金属气味,呼出气体也有气味;流唾液,牙床及嘴唇上因有硫化汞而显黑色;淋巴腺及唾液腺肿大。若不慎中毒时,应送医院急救。急性中毒时,通常用碳粉或呕吐剂彻底洗胃,或者食入蛋白(如1升牛奶加3个鸡蛋清)或蓖麻油解毒并呕吐。

(8)触电时可按下述方法之一切断电路:关闭电源;用干木棍使导线与被害者分开;使被害者和土地分离。急救时急救者必须做好防止触电的安全措施,手或脚必须绝缘。

附录二　微生物实验室相关仪器的使用

一、高压蒸汽灭菌器使用规程

(一)全自动高压蒸汽灭菌器使用规程

(1)在设备使用中,应对安全阀加以维护和检查。当设备闲置较长时间重新使用时,应扳动安全阀上小扳手,检查阀芯是否灵活,防止因弹簧锈蚀影响安全阀起跳。

(2)设备工作时,当压力表指示超过0.165 MPa时,若安全阀不开启,应立即关闭电源,打开放气阀旋钮。当压力表指针回零时,稍等1~2 min,再打开容器盖并及时更换安全阀。

(3)堆放灭菌物品时,严禁堵塞安全阀的出气孔,必须留出空间保证其畅通放气。

(4)每次使用前必须检查外桶内水量是否保持在灭菌桶搁脚处。

(5)若灭菌器持续工作,在进行新的灭菌作业前,应留有5 min的时间,并打开上盖让设备冷却。

(6)灭菌液体时,应将液体罐装在硬质的耐热玻璃瓶中,以不超过3/4体积为好。瓶口选用棉花纱塞,切勿使用未开孔的橡胶或软木塞。特别注意:在灭菌液体结束时不准立即释放蒸汽,必须待压力表指针回复到零位后方可排放残余蒸汽。

（7）切勿将不同类型、不同灭菌要求的物品，如敷料和液体等，放在一起灭菌，以免顾此失彼，造成损失。

（8）取放物品时注意不要被蒸汽烫伤（可戴上线手套）。

（二）手提式高压蒸汽灭菌锅使用规范

（1）准备：先将内层灭菌桶取出，再向外层锅内加入适量的去离子水或蒸馏水，以水面与三角搁架相平为宜。

（2）放回灭菌桶，装入待灭菌物品。注意不要装得太挤，以免妨碍蒸汽流通而影响灭菌效果。三角烧瓶与试管口端均不要与桶壁接触，以免冷凝水淋湿包口的纸而透入棉塞。

（3）加盖，将盖上的排气软管插入内层灭菌桶的排气槽内。以两两对称的方式同时旋紧相对的两个螺栓，使螺栓松紧一致，勿使漏气。

（4）加热并同时打开排气阀，使水沸腾以排除锅内的冷空气。待冷空气完全排尽后，关上排气阀，让锅内的温度随蒸汽压力增加而逐渐上升。当锅内压力升到所需压力时，控制热源，维持压力至所需时间（在温度或者压力达到所需时（一般为 121℃，0.1 MPa）。此时需要切断电源，停止加热。当温度下降时，再开启电源开始加热，使温度维持在恒定的范围之内。

（5）灭菌所需时间到后，切断电源，让灭菌锅内温度自然下降。当压力表的压力降至 0 时，打开排气阀，旋松螺栓，打开盖子，取出灭菌物品。

注意事项：

（1）灭菌物品不能堆得太满、太紧，以免影响温度均匀上升。

（2）降温时待温度自然降至 60℃ 以下再打开箱门取出物品，以免因温度过高时骤然降温导致玻璃器皿炸裂。

（3）在灭菌过程中，应注意排净锅内冷空气。

（4）因为高压蒸汽灭菌时，要使用温度高达 120℃、两个大气压的过热蒸汽，所以操作时必须严格按照操作规程操作，否则容易发生意外事故。

（5）不同类型的物品不应放在一起进行灭菌。

（6）在未放气，器内压力尚未降到"0"位以前，绝对不允许打开器盖。

二、冰箱、冰柜使用规程

1. 开机

冰箱、冰柜按说明书要求放好后，插上电源线，确定其在正常供电状态下。将冰箱、冰柜调节到所需功能。

2. 物品的放置/取出

（1）打开冰箱、冰柜相应功能的箱门，将所需放置/取出的物品，放置/取出在冰箱、冰柜内。

（2）物品放置好/取出后，将箱门关严，通过屏幕显示确定其在正常供电的情况。

（3）做好相应登记后方可离开。

3. 安全使用注意事项

（1）严禁贮存或靠近易燃、易爆、有腐蚀性物品及易挥发的气体、液体，不得在有可燃气体的环境中存放或使用。

（2）实验室使用冰箱、冰柜内禁止存放与实验无关的物品。储存在冰箱内的所有容器应当清楚地标明内装物品的科学名称、储存日期和储存者的姓名。未标明的或废旧物品应当高压灭菌并丢弃。

（3）放入冰箱、冰柜内的所有试剂、样品、质控品等必须密封保存。

（4）箱体表面请勿放置较重或较热的物体，以免变形。

（5）保持冰箱、冰柜出水口通畅。

（6）在清洁/除霜时，切不可用有机溶剂、开水及洗衣粉等对冰箱有害的物质。

（7）每日观察冰箱、冰柜温度并记录。

三、天平操作规程

（1）使用天平前应先观察水准器中气泡是否在圆形水准器正中，如偏离中心，应调节地脚螺栓使气泡保持在水准器正中央。单盘天平（机械式）调整前面的地脚螺栓，电子天平调整后面的地脚螺栓。

（2）天平内须放置变色硅胶等干燥剂，使用前应观察变色硅胶颜色。如硅胶变色必须及时更换干燥硅胶，将吸水失效的硅胶放入烘箱内烘干恢复颜色以备以后使用。

（3）天平使用前应首先调零，电子天平使用前还应用标准砝码校准。

（4）天平门开关时动作要轻，防止震动影响天平精度和准确读数。

（5）天平称量时要将天平门关好，严禁开着天平门时读数，防止空气流动对称量结果造成影响。

（6）电子天平的去皮键使用要慎重，严禁用去皮键使天平回零。

（7）如发现天平的托盘上有污物要立即擦拭干净。天平要经常擦拭，保持洁净。擦拭天平内部时要用洁净的干布或软毛刷，如干布擦不干净可用95%酒精擦拭。严禁用水擦拭天平内部。

（8）同一次分析应用同一台天平，避免系统误差。

（9）天平载重不得超过最大负荷。

（10）被称物应放在干燥清洁的器皿中称量，挥发性、腐蚀性物品必须放在密封加盖的容器中称量。

（11）电子天平接通电源后应预热2 h才能使用。

（12）搬动或拆装天平后要检查天平性能。

（13）称量完毕后将所用称量纸带走。

（14）称量完毕,保持天平清洁,物品按原样摆放整齐

四、传递窗的使用规程

（1）目的:保证待处理样品的可靠性传递,尽量避免各区间的空气污染。

（2）适用范围:每个区的传递窗。

（3）职责:所有工作人员在工作中必须严格遵守。

（4）标准操作:实验人员在所在实验区处理好样品后,欲将样品传递到下一区域时,打开传递窗门,放入欲传递的样品,关闭传递窗门。

（5）维护:每次实验结束后用 1% 的施康溶液对传递窗内部进行清洁,然后打开传递窗内的紫外灯消毒 30 min,并记录紫外灯照射时间。紫外灯累计使用 10 000 h 后报废,更换新的紫外灯。

五、恒温干燥箱使用规程

1. 目的

建立恒温干燥箱的操作规程,保证操作人员正确操作。

2. 范围

适用于样品的干燥、玻璃仪器的烘干。

3. 职责

操作人员对本规程的实施负责。

4. 操作程序

（1）接通电源,打开电源开关。

（2）设置加热温度。

（3）待温度达到设置温度并无异常情况,稳定后放入样品,开始记时至所需干燥程度。

5. 注意事项

（1）设置温度时,通常将温度设置得稍低于实验温度,待温度达到设置温度后,再设置到实验温度。

（2）新购电热恒温干燥箱经校检合格方能使用,所有电热恒温干燥箱每年由计量所校检一次。

（3）干燥箱安装在室内干燥和水平处,禁止震动和腐蚀。

（4）使用时注意安全用电,电源刀闸容量和电源导线容量要足够,并要有良好的接地线。

（5）箱内试品放置不能太密,散热板上不能放试品,以免影响热气向上流动。

六、恒温培养箱使用规范

1. 目的

建立恒温培养箱标准操作及维修保养规程，用以保证实验仪器操作的一致性。

2. 操作前准备

对箱体内进行清洁，消毒。

3. 操作过程

(1)接通电源，开启电源开关。

(2)调节调节器按钮至调节温度档，并调节至所需温度，点击确认按钮。加热指示灯亮，培养箱进入升温状态。

(3)如温度已超过所需温度时，可将调节器按钮调至调节温度档，并调节至所需温度，待温度降至所需温度时，红灯指示灯自动熄灭点，方能自动控制所需温度。

(4)箱内之温度应以温度表指示的数值为准。

4. 维修保养及注意事项

(1)恒温培养箱必须有效接地，以保证使用安全。

(2)在通电使用时忌用手触及箱左侧空间内的电器部分，或用湿布揩抹及用水冲洗。

(3)电源线不可缠绕在金属物上或放置在潮湿的地方。必须防止橡皮老化以及漏电。

(4)箱内实验物放置不宜过挤，应使空气流动畅通，保持箱内受热均匀。在实验时，应将顶部适当旋开，使湿空气外逸有利于箱内温度调节。

(5)箱内外应保持清洁，每次使用完毕应当进行清洁。

(6)若长时间停用，应将电源切断。

七、净化工作台使用规范

(一)目的

规范净化工作台操作与维护工作，确保仪器正常运作。

(二)适用范围

本实验方法适用于净化工作台操作与维护管理。

(三)操作及维护规程

1. 操作规程

(1)使用净化工作台时，应提前50 min开机，同时开启紫外杀菌灯，处理操作区内表面积累的微生物。30 min后关闭杀菌灯(此时日光灯即开启)，启动风机。

(2)对于新安装的或长期未使用的净化工作台，使用前必须先用超静真空吸尘器或用不产生纤维的工具对净化工作台和周围环镜进行清洁，再采用药物灭菌法或紫外线灭菌法进行灭菌处理。

(3)操作区内不允许存放不必要的物品，保持操作区的洁净气流流型不受干扰。

(4)操作区内尽量避免明显扰乱气流流型的动作。

(5)操作区的使用温度不可以超过60℃。

2. 维护规程及维护方法

(1)根据环境的洁净程度,可定期(一般 2~3 个月)拆洗或更换粗滤布(涤纶无纺布)。

(2)定期(一般为 1 周)对周围环境进行灭菌,同时经常用纱布蘸酒精或丙酮等有机溶剂擦拭紫外线杀菌灯表面,保持表面清洁,否则会影响杀菌效果。

(3)操作区平均风速保持在 0.32~0.48 m/s。

八、生物安全柜使用规程

(1)操作前应将本次操作所需的全部物品移入安全柜,避免双臂频繁穿过气幕破坏气流;并且在物品移入前用 70% 酒精擦拭表面消毒,以去除污染。

(2)打开风机 5~10 min,待柜内空气净化且气流稳定后再进行实验操作。将双臂缓缓伸入安全柜,至少静止 1 min,待柜内气流稳定后再进行操作。

(3)安全柜内不放与本次实验无关的物品。柜内物品摆放应做到清洁区、半污染区与污染区基本分开,操作过程中物品取用方便,且三区之间无交叉。物品应尽量靠后放置,但不得挡住气道口,以免干扰气流正常流动。

(4)操作时应按照从清洁区到污染区进行,以避免交叉污染。为防可能溅出的液滴,可在台面上铺一用消毒剂浸泡过的毛巾或纱布,但不能覆盖住安全柜格栅。

九、移液管的使用方法

移液管是一类准确地移取定量溶液的玻璃器。

分 1 mL、2 mL、5 mL、10 mL 的移液管。还有一种移液管中间有膨起的部位,叫大肚管。大肚管只能移取定量的液体。在每个刻度管的上面都有标线标识所取液体的体积。

(1)选择适合的移液管。例如,如果要移取 2.5 毫升液体,那需要选 5 毫升的移液管。

(2)检查移液管是否有破损。移液管的前端是尖头的,在拿取或者保存的时候很容易被毁坏。因此,使用前应该检查移液管是否完整无损。(附录-图 1)

(3)检查移液管是否干净。实验室的移液管可用 10% 的稀盐酸浸泡,清洗干净。

(4)用吸耳球吸取液体。把移液管插到液面以下,捏瘪吸耳球,吸取液体到移液管中,并使吸得液体高于刻度线。

(5)放液体至刻度线。手松开一点点,让液体流下,直到凹液面与刻度线齐平。注意:观察时眼睛应平视凹液面。这个时候移液管里的液体即达到了所需的体积(附录-图 2)。

(6)手盖住移液管的上端,移动移液管到烧杯。松开手指,液体就流到了烧杯里(附录-图 3)。

(7)用过的移液管应该浸泡、清洗。根据自己的需求可以将移液管于稀盐酸或者稀硝酸中浸泡 24 h,然后戴着手套取出,用蒸馏水冲洗移液管上残留的盐酸或者硝酸。

(8)保存移液管。将冲洗后的移液管放在移液管架上,让移液管自然晾干。注意一定要将移液管放在移液管架上,因为若放在别的地方,稍有不注意就会损坏移液管的前端(附录-图4)。

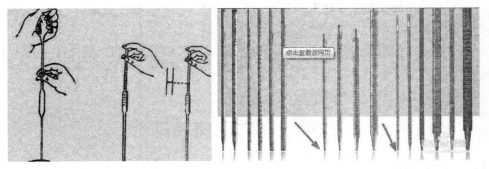

附录-图1 移液管检查　　附录-图2 用吸耳球、移液管移液示意图(一)

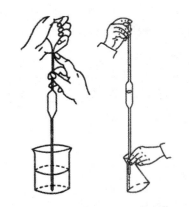
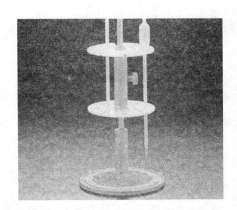

附录-图3 用吸耳球、移液管移液示意图(二)　　附录-图4 移液管的存放示意图

十、显微镜的保养

显微镜的光学系统是显微镜的主体,尤其是物镜和目镜。在显微镜使用和保存时应注意以下几个问题。

(1)避免直接在阳光下曝晒。透镜与透镜、透镜与金属都是通过树脂或亚麻仁油黏合起来的。金属与透镜膨胀系数不同,受高热膨胀不均,透镜可能脱落或破裂。树脂受高热融化,透镜也会脱落。

(2)避免与挥发性药品或腐蚀性酸类一起存放。碘片、酒精、醋酸、盐酸和硫酸等对显微镜金属质机械装置和光学系统都是有害的。

(3)透镜要用擦镜纸擦试。干擦镜纸擦不净时,可用擦镜纸蘸无水乙醇(或二甲苯)擦试,但乙醇(或二甲苯)用量不宜过多,擦试时间也不宜过长,以免黏合透镜的树脂融化,使透镜脱落。

（4）不能随意拆卸显微镜,尤其不能随意拆卸物镜、目镜、镜筒,因拆卸后空气中的灰尘落入里面会滋生霉菌。机械装置经常加润滑油,减少因摩擦而受损的概率。

（5）不用手指触摸镜面。沾有有机物的镜片,时间长了会滋生霉菌。因此,每次使用后,所有目镜和物镜都得用擦镜纸擦净。

（6）显微镜应存放在干燥处。镜箱内要放硅胶吸收潮气。目镜、物镜放在盒内并存于干燥器中,以免受潮。

附录三　常用培养基

一、营养琼脂培养基

（1）用途:用于细菌总数测定、菌种保存、细菌纯化、一般细菌培养、血琼脂培养基制备。

（2）成分:牛肉膏 3 g 或 5 g,NaCl 5 g,蛋白胨 10 g,琼脂 20 g,蒸馏水 1 000 mL。

（3）pH:7～7.2。

（4）制法:称取上述成分,加蒸馏水 1 000 mL,高压(121℃)灭菌 15～20 min,备用。

若配制半固体培养基,需加琼脂的质量浓度为 3～5 g/L。如配制液体培养基,则不需添加琼脂。

二、蛋白胨水培养基

（1）用途:供细菌培养、吲哚试验之用。

（2）成分:蛋白胨 10 g,氯化钠 5 g,蒸馏水 1 000 mL。

（3）pH:7.6。

（4）制法:将上述成分溶于 1 000 mL 蒸馏水中,调 pH 至 7.6,再煮沸加热 30 min。冷却后用滤纸过滤,分装于试管,每管 2～3 mL,高压(121℃)灭菌 15～20 min,备用。

三、半固体培养基

（1）用途:用于观察细菌动力、菌种保存、H 抗原位相变异试验等。

（2）成分:蛋白胨 10 g,氯化钠 5 g,琼脂 3～5 g,蒸馏水 1 000 mL。

（3）pH:7.6。

（4）制法:将上述成分加入 1 000 mL 蒸馏水中,加热溶解,调 pH 至 7.6,分装于试管,每管 3～4 mL,高压(121℃)灭菌 15～20 min,备用。

四、营养肉汤培养基

（1）用途:用于一般细菌培养、转种、复苏、增菌等,也可用于消毒效果的测定。

(2)成分:蛋白胨 10 g,氯化钠 5 g,牛肉粉(牛肉浸汁)3 g,蒸馏水 1 000 mL。

(3)pH:7.2±0.2。

(4)制法:将上述成分溶于 1 000 mL 蒸馏水中,调 pH 至所需值,分装于试管,每管 2~3 mL,高压(121℃)灭菌 15~20 min,备用。

五、LB 培养基

(1)用途:用于细菌培养,常用于分子生物学实验。

(2)成分:胰蛋白胨 10 g,氯化钠 10 g,酵母提取物 5 g,1 mol/L 的氢氧化钠溶液 1 mL,双蒸馏水 950 mL。

(3)pH:7.0。

(4)制法:将上述成分溶于双蒸馏水中,用 1 mol/L 氢氧化钠溶液(约 1 mL)调 pH 至 7.0,加双蒸馏水至总体积为 1 L,高压(121℃)灭菌 30 min,备用。

含氨苄青霉素 LB 培养基:待 LB 培养基灭菌后冷至 50℃左右加入氨苄青霉素,至终质量浓度为 80~100 mg/L。

六、察氏培养基(蔗糖硝酸钠培养基)

(1)用途:用于霉菌培养。

(2)成分:蔗糖 30 g,硝酸钠 2 g,磷酸氢二钾 1 g,七水合硫酸镁 0.5 g,氯化钾 0.5 g,七水合硫酸亚铁 0.1 g,蒸馏水 1 000 mL。

(3)pH:7.0~7.2。

(4)制法:将上述成分溶于 1 000 mL 蒸馏水中,调 pH 至 7.0~7.2,高压(115℃、0.072 MPa)灭菌 15~20 min,备用。

七、马铃薯培养基

(1)用途:用于霉菌或酵母菌培养。

(2)成分:马铃薯(去皮)200 g,蔗糖(或葡萄糖)20 g,琼脂 15~20 g,蒸馏水 1 000 mL。

(3)pH:7.0~7.2。

(4)制法:将马铃薯去皮,切成约 2 cm² 的小块,放入 1 500 mL 的烧杯中煮沸 30 min,注意用玻棒搅拌以防糊底,然后用双层纱布过滤,取其滤液加糖及琼脂,融化后再补水至 1 000 mL。灭菌条件:0.072 MPa(115℃)灭菌 15~20 min。注意:培养霉菌用蔗糖,培养酵母菌用葡萄糖。

八、高氏Ⅰ号培养基(琼脂淀粉培养基)

(1)用途:用于放线菌培养。

(2)成分:可溶性淀粉 20 g,硝酸钾 1 g,氯化钠 0.5 g,三水合磷酸氢二钾 0.5 g,七水硫酸镁 0.5 g,七水合硫酸亚铁 0.01 g,琼脂 20 g,蒸馏水 1 000 mL。

(3)pH:7.0～7.2。

(4)制法:配制时先用少量冷水将淀粉调成糊状,在火上加热,然后加水及其他药品,加热熔化并补足水分至 1 000 mL。调 pH 至 7.0～7.2。0.103 MPa(121℃)灭菌 15～20 min,备用。

九、糖发酵培养基

(1)用途:用于细菌糖发酵试验。

(2)成分:蛋白胨 0.2 g,氯化钠 0.5 g,磷酸氢二钾 0.02 g,水 100 mL,溴麝香草酚蓝(质量分数为 1%)0.3 mL,糖类 1 g。

(3)pH:7.4。

(4)制法:分别称取蛋白胨和氯化钠溶于热水中,调 pH 至 7.4,再加入溴麝香草酚蓝(先用少量体积分数为 95% 的酒精溶解,再加水配成质量分数为 1% 的溴麝香草酚蓝水溶液),加入糖类,分装于试管,每管装量 4～5 cm 高,并倒放入一杜氏小管(管口向下,管内充满培养液)中。115℃湿热灭菌 20 min。

(5)注意:灭菌时注意适当延长煮沸时间,尽量把冷空气排尽以使杜氏小管内不残存气泡。常用的糖类有葡萄糖、蔗糖、甘露糖、麦芽糖、乳糖、半乳糖等(后两种糖的用量常加大为 1.5 g)。

十、葡萄糖蛋白胨水培养基(M·R.和 V-P 试验用)

(1)用途:用于甲基红试验及 V-P 试验。

(2)成分:蛋白胨 5 g,葡萄糖 5 g,磷酸氢二钾或氯化钠 5 g,蒸馏水 1 000 mL。

(3)pH:7.0～7.2。

(4)制法:将上述成分溶于 1 000 mL 蒸馏水中,调 pH 至 7.0～7.2,过滤,分装于试管,每管 2～3 mL,高压(115℃)灭菌 15～20 min,备用。

十一、伊红-亚甲蓝培养基(EMB 培养基)

(1)用途:弱选择性培养基,用于分离肠道致病菌,特别是大肠杆菌。

(2)成分:蛋白胨 10 g,乳糖 10 g,琼脂 20 g,磷酸氢二钾 2 g,2% 伊红水溶液 20 mL,0.65% 亚甲蓝溶液 10 mL,蒸馏水 1 000 mL。

(3)pH:7.1(先调 pH,再加伊红、亚甲蓝溶液)。

(4)制法:称取上述成分,加蒸馏水 1 000 mL,摇匀,高压(125℃)灭菌 15～20 min,待冷却至 60℃左右倾注灭菌平皿备用。

十二、S-S琼脂培养基

(1)用途:用于沙门氏菌、志贺氏菌的选择性分离培养。

(2)基础培养基:蛋白胨5 g,牛肉膏5 g,三号胆盐3.5 g,琼脂17 g,蒸馏水1 000 mL。称取蛋白胨、牛肉膏、三号胆盐溶解于400 mL蒸馏水中,将琼脂加入于600 mL蒸馏水中,加热煮沸至完全溶解,再将两液混合,高压(121℃)灭菌15 min,备用。

(3)完全培养基:基础培养基1 000 mL,乳糖10 g,柠檬酸钠8.5 g,硫代硫酸钠8.5 g,质量分数为10%的柠檬酸铁溶液10 mL,质量分数为1%中性红溶液2.5 mL,质量分数为0.1%的煌绿溶液0.33 mL,pH 7.0。加热熔化基础培养基,按比例加入上述染料以外各成分,充分混合均匀,调pH至7.0,加入中性红和煌绿溶液,倾注平板。

注意:①配好的培养基适宜当时使用,或保存于冰箱内于48 h内使用。②煌绿溶液配好后应在10 d内使用。③可以购用SS琼脂干燥培养基。

十三、庖肉培养基

(1)用途:用于一般厌氧菌的培养,肉毒梭菌及厌氧梭状芽孢杆菌的检验。

(2)成分:牛肉渣、牛肉浸液。

(3)pH:7.4～7.6。

(4)制法:肉浸汤剩余的肉渣装入中试管内,1～1.5 cm高。加入肉汤培养基5 mL,再加入1:3液体石蜡(或凡士林),高0.2～0.3 cm。高压(112.6℃)灭菌15 min,保存于4℃冰箱备用。

十四、中性红培养基

(1)用途:用于厌氧菌培养。

(2)成分:葡萄糖40 g,胰蛋白胨6 g,酵母膏2 g,牛肉膏2 g,醋酸铵3 g,磷酸二氢钾5 g,七水合硫酸镁0.2 g,七水合硫酸亚铁0.01 g,中性红0.2 g,水1 000 mL。

(3)pH:6.2。

(4)制法:将上述成分混合,溶解于1 000 mL蒸馏水中,调pH至6.2,高压(121℃)湿热灭菌30 min。

十五、酒精发酵培养基

(1)用途:用于酒精发酵。

(2)成分:蔗糖10 g,七水合硫酸镁0.5 g,硝酸铵0.5 g,磷酸二氢钾0.5 g,质量分数为20%的豆芽汁2 mL,水100 mL。

(3)pH:7.0～7.2。

(4)制法:将上述成分混合,溶解于100 mL水中,高压(115℃)湿热灭菌15～20 min。

十六、马丁氏培养基

(1)用途:用于分离真菌。

(2)成分:葡萄糖 10 g,蛋白胨 5 g,七水合硫酸镁 0.5 g,磷酸二氢钾 1 g,琼脂 15～20 g,1/3 000 孟加拉红 100 mL,蒸馏水 800 mL。

(3)pH:7.0～7.2。

(4)制法:量取上述各组分并溶解于蒸馏水中,高压(115℃)湿热灭菌 15～20 min。临用前通过无菌操作加入链霉素,每 100 mL 培养基中加入 1‰链霉素液 0.3 mL,使其终浓度为 30 μg/mL。

附录四　实验用染色液的配制

一、革兰氏染液

1. 草酸铵结晶紫染液

A 液:结晶紫(Crystal-violet)2 g,体积分数为 95％的乙醇 20 mL。

B 液:草酸铵(Ammonium oxalate)0.8 g,蒸馏水 80 mL。

将 A 液和 B 液混合,静置 48 h 后过滤使用。

2. 鲁古氏(Lugos)碘液(即革兰氏碘液)

碘 1 g、碘化钾 2 g、蒸馏水 300 mL。先用少量蒸馏水溶解碘化钾,再投入碘片,待碘完全溶解后,加水至定量。

3. 0.5％番红溶液

番红(Safranine)2.5 g、体积分数为 95％的乙醇 100 mL。以此番红酒精溶液为母液,将其储存于冰箱。需时取 10 mL 母液,加蒸馏水 40 mL 混匀即可。

二、吕氏(Loeffler)亚甲蓝染液

A 液:亚甲蓝(含染料 90％)0.3 g,体积分数为 95％的乙醇 30 mL。

B 液:氢氧化钾 0.01 g,蒸馏水 100 mL。

A 液和 B 液混合即可。

三、鞭毛染色液

A 液:单宁酸 5 g,氯化铁 1.5 g,体积分数为 15％的甲醛 2 mL,质量浓度为100 g/L 的氢氧化钠溶液 1 mL,蒸馏水 100 mL。当日配当日使用,次日使用效果差,第 3 日不可用。

B 液:硝酸银 2 g,蒸馏水 100 mL。待硝酸银溶解后,取出 10 mL 备用。向其余的 90 mL 硝酸银溶液中滴加浓氢氧化铵溶液使之成为很浓的悬浮液,再继续滴加氢氧化铵溶液,至新形成的沉淀刚刚溶解为止。将备用的硝酸银溶液慢慢滴入,则出现薄雾,但轻轻摇动后,薄雾状沉淀消失。滴入硝酸银溶液,直到轻摇后仍呈现轻微而稳定的薄雾状沉淀为止(此时溶液呈极淡的灰土黄色)。如所呈雾不重,此染剂可使用 1 周;如雾重,则不宜使用。

四、荚膜染色液

1. 齐氏(Zichl)石炭酸品红染液

A 液:碱性品红(Basic fuchsine)0.3 g,体积分数为 95% 的乙醇 10 mL。

B 液:石炭酸 5 g,蒸馏水 95 mL。

将碱性品红在研钵中研磨后,徐徐加入体积分数为 95% 的乙醇,继续研磨使之溶解,配成溶液 A。将石炭酸溶解于蒸馏水中配成溶液 B。A、B 两液混合均匀即成石炭酸品红染色液。使用时,将混合液稀释 5～10 倍。稀释液不稳定,不宜多配制。

2. 杜氏(Dorner)黑墨素液

黑色素(Nigrosin)5 g,蒸馏水 100 mL,福尔马林(40%甲醛)0.5 mL。将黑色素在蒸馏水中煮沸 5 min,然后加入福尔马林作为防腐剂。

五、芽孢染色液

1. 孔雀石绿染液

7% 孔雀石绿(Malachite Green)溶液 7.6 g,蒸馏水 100 mL。将孔雀石绿溶解于蒸馏水中即为孔雀石绿饱和水溶液,配制时注意尽量完全溶解,过滤使用。

2. 0.5% 番红溶液

番红 0.5 g,蒸馏水 100 mL。将番红溶解于蒸馏水中即得。

附录五　环境微生物实验用试剂的配制

一、Kovac 氏试剂(吲哚试验用)

对二甲基氨基甲醛 0.8 g,体积分数为 95% 的乙醇 76 mL,浓盐酸 16 mL。将对二甲基氨基甲醛溶于乙醇后,慢慢加入浓盐酸。

二、甲基红指示剂

甲基红 0.05 g,体积分数为 95％的乙醇 150 mL,蒸馏水 100 mL。先将甲基红溶于 150 mL 95％的乙醇,再将甲基红乙醇溶液溶于 100 mL 蒸馏水。

三、5％α-萘酚(V-P 试验用)

α-萘酚(α-Naphthol)5 g,95％乙醇 100 mL。将 5 g α-萘酚加入 95％的乙醇溶液,定容到 100 mL。

四、氧化酶试剂

盐酸对氨基二甲基苯胺(dimethyl-p-phenylenediamine hydrochloride)1 g,蒸馏水 100 mL。将盐酸对氨基二甲基苯胺溶于蒸馏水中,装于暗色玻璃内,置于冰箱保存。

五、格里斯氏试剂(检查亚硝酸根离子)

A 液:对氨基苯磺酸 0.5 g,乙酸(30％左右)50 mL。二者混合,加热溶解,于暗处保存。

B 液:α-萘胺 0.4 g,乙酸(80％)6 mL,蒸馏水 100 mL。将 α-萘胺与蒸馏水混合,煮沸;从蓝色渣滓中倾出无色溶液,加入乙酸。

使用前将 A 液与 B 液等体积混合。

六、二苯胺试剂(检查硝酸根离子)

二苯胺 0.5 g,浓硫酸 100 mL,蒸馏水 20 mL。先将二苯胺溶于蒸馏水中,然后徐徐加入浓硫酸。

七、萘氏(Nessler)试剂(检查铵根离子)

A 液:碘化钾 2 g,碘化汞约 3 g,蒸馏水 5 mL。
B 液:氢氧化钾 13.4 g,蒸馏水 46 mL。
将 B 液加入 A 液中,取上清液储存于暗色瓶内。

八、淀粉水解实验用碘液(Lugos 碘液)

碘片 1 g,碘化钾 2 g,蒸馏水 300 mL。先将碘化钾溶解在少量水中,再将碘片溶解在碘化钾溶液中。待碘完全溶解后,加足水分。

九、酚酞指示剂(10 g/L)

酚酞 0.5 g,体积分数为 95％的酒精 50 mL。将 0.5 g 酚酞溶于酒精中即可。

十、亚硝酸盐显色剂

磷酸缓冲液 50 mL，对氨基苯磺酰胺 20 g，N-(1-萘基)-乙二胺二盐酸 1 g，水 250 mL。在 500 mL 的烧杯内，加入 250 mL 水和 50 mL 磷酸缓冲液，再加入 20 g 对氨基苯磺酰胺，然后加入 1 g N-(1-萘基)-乙二胺二盐酸，使之溶解于上述溶液中。将溶液转移至 500 mL 溶量瓶中，用水稀释至标线，混匀，贮存于棕色瓶中，在 2℃～5℃ 条件下保存，至少可保存 1 个月。（注意：此试剂有毒，应避免与皮肤接触或吸入体内）

十一、Ames 试验用试剂

1. 葡萄糖贮备液

葡萄糖 4 g，加蒸馏水至 100 mL，高压（0.063 MPa、115℃）灭菌 10 min。溶液冷却后，4℃保存。

2. 0.5 mmol/L L-组氨酸/D-生物素

L-组氨酸盐酸盐（相对分子质量 155.16）7.758 mg，D-生物素（相对分子质量 224.1）11.2 mg，加蒸馏水至 100 mL。

3. 细胞生长素（25 mmol/L L-组氨酸/0.5 mmol/L D-生物素）

L-组氨酸盐酸盐（相对分子质量 155.16）38.79 mg，D-生物素（相对分子质量 224.1）11.2 mg，蒸馏水加至 100 mL。

4. 0.15 mol/L 氯化钾

溶液经高压（0.105 MPa、121℃）灭菌 15 min，冷却后保存于冰箱。

5. 大鼠肝脏微粒体酶提取液（Sg）的制备

（1）酶的诱导。成年雄性大白鼠（体重 100～150 g）3 只，每千克体重腹腔注射诱导物五氯联苯油溶液 2.5 mL（用玉米油配制，浓度 200 mg/mL），诱导酶活力。4 d 后大鼠禁食 24 h，之后杀鼠。

（2）肝匀浆和上清液的制备。将大鼠用重棒击昏，浸泡在消毒水中数分钟，断头放血，暴露胸腔，从肝门静脉处注入冰冷的 0.15 mol/L 氯化钾溶液洗涤肝脏 2～3 次。取肝脏称重后，剪碎，每克肝（湿重）加冰冷的 0.15 mol/L 氯化钾溶液 3 mL，并用组织捣碎机将肝脏制成匀浆。匀浆液经以 9 000 r/min 离心 10 min，取上清液分装至小管（每管 1～2 mL），抽样菌检，低温（−20℃）保存。

以上均要求在 4℃下进行无菌操作。

（3）大鼠肝脏微粒体酶混合液（S₉ 混合液）制备方法：

0.2 mol/L pH 7.4 磷酸缓冲液：取十二合水磷酸氢二钠 7.16 g，磷酸二氢钾 2.72 g，加蒸馏水至 100 mL，灭菌后备用。

盐溶液：取氯化镁 8.1 g，氯化钾 12.3 g，加蒸馏水至 100 mL，灭菌后备用。

NADP（辅酶Ⅱ）和葡萄糖-6-磷酸（G-6-P）使用液：每 100 mL 使用液含 NADP

297 mg，G-6-P 152 mg，0.2 mol/L pH 7.4 磷酸缓冲液 50 mL，盐溶液 2 mL，加蒸馏水至 100 mL。使用细菌过滤器过滤除菌，分装于小瓶（每瓶 10 mL）后置于－20℃贮存备用。

S_9 混合液：取 2 mL S_9 混合液加入 10 mL NADP 和 G-6-P 使用液即成。混合液置于冰浴中，须现配现用。

6. 0.1 mol/L L-组氨酸/0.5 mmol/L D-生物素溶液

L-组氨酸盐酸盐（相对分子质量 155.16）15.5 mg，D-生物素溶液（相对分子质量 224.1）1.12 mg，加无菌蒸馏水至 100 mL，4℃冰箱冷藏备用。

附录六　实验常用洗涤剂及消毒剂的配制

实验中所使用的玻璃仪器清洁与否，直接影响实验结果。仪器的不清洁或被污染往往造成较大的实验误差，甚至会出现相反的实验结果。因此，玻璃仪器的洗涤清洁工作是非常重要的。

1. 新玻璃仪器的清洗

新购买的玻璃仪器表面常附着有游离的碱性物质，可先用洗涤灵稀释液、肥皂水或去污粉等洗刷，再用自来水洗净，再将其置于体积分数为 2％的盐酸或洗涤溶液中浸泡至少 4 h，然后用自来水冲洗，最后用蒸馏水冲洗 2～3 次，在 80℃～100℃烘箱内烤干备用。

2. 使用过的玻璃仪器的清洗

（1）一般玻璃器皿（如试管、培养皿、烧杯、锥形瓶等（包括量筒））：先用自来水洗刷至无污物；再选用大小合适的毛刷沾取肥皂水、洗衣粉或洗涤灵稀释液等洗涤剂，将器皿内外（特别是内壁）细心刷洗，也可以将玻璃器皿浸入洗涤液内刷洗。用自来水冲洗干净后，蒸馏水冲洗 2～3 次，烤干或倒置在清洁处晾干。凡洗净的玻璃器皿，器壁上不应带有水珠，否则表示尚未洗干净，应再按上述方法重新洗涤。若发现内壁有难以去掉的污迹，应分别试用各种洗涤剂予以清除，再重新冲洗。玻璃器皿经洗涤后，若内壁的水均匀分布成一薄层，表示油垢完全洗净；若挂有水珠，则还需要重新洗涤。

（2）量器（如移液管、滴定管、量瓶等）：使用后应立即浸泡于凉水中，勿使物质变干。工作完毕后用流水冲洗，去附着的试剂、蛋白质等物质，晾干后浸泡在铬酸洗液中至少 4 h，再用自来水充分冲洗、最后用蒸馏水冲洗 2～4 次，风干备用。

（3）其他：具有传染性样品的容器，如病毒、传染病患者的血清等沾污过的容器，应先进行高压（或其他方法）消毒后再进行清洗。盛过各种有毒药品，特别是剧毒药品和放射性同位素等物质的容器，必须经过专门处理，确知没有残余毒物存在方可进行清洗。

3. 洗涤液的种类和配制方法

（1）铬酸洗液（重铬酸钾或重铬酸钠-硫酸洗液，简称为洗液）是一种强氧化剂，去污能力很强,广泛用于玻璃和搪瓷器皿上的污垢或有机物质的洗涤,切不能用于金属器皿的清洗。配好的洗液可用很多次,每次用后收集于另一瓶中待用,直到溶液变为青绿色。此时溶液即失去效用,不可再用。

使用洗液应尽量避免混入水分稀释。将洗液加热至 40℃ 左右使用,可加快作用速度。用洗液洗过的器皿,应立即用水冲洗干净。如器皿上有大量有机物质,应先行清除,再用洗液洗涤。

洗液有强腐蚀性。洗液溅于桌椅上,应立即用水洗并用湿布擦拭。皮肤及衣服上沾有洗液时,应立即用水洗,再用苏打(碳酸钠)水或氨水洗。

常用的配制方法分为两种:浓配方和稀配方。

浓配方:重铬酸钾(工业用)40 g,蒸馏水 160 mL,浓硫酸(粗)800 mL。

稀配方:重铬酸钾(工业用)50 g,蒸馏水 850 mL,浓硫酸(粗)100 mL。

称取重铬酸钾(或重铬酸钠)粉末溶解在蒸馏水中(可慢慢加热),待冷却后,再慢慢加入浓硫酸,随加随搅拌。配好的洗涤液应是棕红色或橘红色,冷却后贮存备用。

(2)浓盐酸(工业用):可洗去水垢或某些无机盐沉淀。

(3)5%草酸溶液:用数滴硫酸酸化,可洗去高锰酸钾的痕迹。

(4)5%~10%磷酸三钠($Na_3PO_4 \cdot 12H_2O$)溶液:可洗涤油污物。

(5)30%硝酸溶液:洗涤二氧化碳测定仪器及微量滴管。

(6)5%~10%乙二胺四乙酸二钠($EDTA-Na_2$)溶液:加热煮沸可洗脱玻璃仪器内壁的白色沉淀物。

(7)尿素洗涤液:为蛋白质的良好溶剂,适用于洗涤盛蛋白质制剂及血样的容器。

(8)酒精与浓硝酸混合液:适于洗涤滴定管。在滴定管中加入 3 mL 95%乙醇,然后沿管壁慢慢加入 4 mL 浓硝酸(密度 1.4 g/cm^3),盖住滴定管管口,利用所产生的氧化氮洗净滴定管。

(9)有机溶剂:如丙酮、乙醇、乙醚等可用于洗去油脂、脂溶性染料等污痕。二甲苯可洗脱油漆的污垢。

(10)氢氧化钾的乙醇溶液和含有高锰酸钾的氢氧化钠溶液是两种强碱性的洗涤液,对玻璃仪器的侵蚀性很强,可用于清除容器内壁污垢,洗涤时间不宜过长。使用时应小心。

上述洗涤液可多次使用,但是使用前必须将待洗涤的玻璃仪器用水冲洗多次,除去肥皂、去污粉或各种废液。若仪器上有凡士林或羊毛脂时,应先用纸擦去,然后用乙醇或乙醚擦净后才能使用洗涤液,否则会使洗涤液迅速失效。例如,肥皂水、有机溶剂(乙醇、甲醛等)及少量油污都会使重铬酸钾/硫酸洗液变绿,降低其洗涤能力。

附录七　大肠菌群检索表(MPN 法)

附录-表 1　大肠菌群检索表

（接种水样总量 300 mL,其中 100 mL 2 份,10 mL 10 份）

100 mL 水量的阳性管数	0	1	2
10 mL 水量的阳性管数	每升水样中 大肠菌群数	每升水样中 大肠菌群数	每升水样中 大肠菌群数
0	<3	4	11
1	3	8	18
2	7	13	27
3	11	18	38
4	14	24	52
5	18	30	70
6	22	36	92
7	27	43	120
8	31	51	161
9	36	60	230
10	40	69	>230

附录-表 2　大肠菌群检索表

（接种水样总量 111.1 mL,其中 100 mL、10 mL、1 mL、0.1 mL 各 1 份）

接种水样总量/mL				每升水样中 大肠菌群数
100	10	1	0.1	
−	−	−	−	<9
−	−	−	+	9
−	−	+	−	9
−	+	−	−	9.5
−	−	+	+	18
−	+	−	+	19
−	+	+	−	22
+	−	−	−	23

（续表）

| 接种水样总量/mL | | | | 每升水样中 |
100	10	1	0.1	大肠菌群数
－	＋	＋	＋	28
＋	－	－	＋	92
＋	－	＋	－	94
＋	－	＋	＋	180
＋	＋	－	－	230
＋	＋	－	＋	960
＋	＋	＋	－	2 380
＋	＋	＋	＋	＞2 380

注：＋表示发酵阳性，有大肠菌群；－表示发酵阴性，无大肠菌群

附录-表3 大肠菌群检索表

（接种水样总量 11.11 mL，其中 10 mL、1 mL、0.1 mL、0.01 mL 各 1 份）

| 接种水样总量/mL | | | | 每升水样中 |
10	1	0.1	0.01	大肠菌群数
－	－	－	－	＜90
－	－	－	＋	90
－	－	＋	－	90
－	＋	－	－	95
－	－	＋	＋	180
－	＋	－	＋	190
－	＋	＋	－	220
＋	－	－	－	230
－	＋	＋	＋	280
＋	－	－	＋	920
＋	－	＋	－	940
＋	－	＋	＋	1 800
＋	＋	－	－	2 300
＋	＋	－	＋	9 600
＋	＋	＋	－	23 800
＋	＋	＋	＋	＞238 000

注：＋表示发酵阳性，有大肠菌群；－表示发酵阴性，无大肠菌群

附录-表4　大肠菌群的最大可能数(MPN)

(接种水样总量55.5 mL,其中10 mL、1 mL、0.1 mL各5份。表中示1:10稀释水样时,在不同阳性和阴性情况下,100 mL水样中细菌数的最大可能数和95%可信限值)

出现阳性份数			每100 mL 水样中 大肠菌群	95%可信限值		出现阳性份数			每100 mL 水样中 大肠菌群	95%可信限值	
10 mL 管	1 mL 管	0.1 mL 管		下限	上限	10 mL 管	1 mL 管	0.1 mL 管		下限	上限
0	0	0	<2			1	1	0	4	<0.5	11
0	0	1	2	<0.5	7	1	1	1	6	<0.5	15
0	1	0	2	<0.5	7	1	2	0	6	<0.5	15
0	2	0	4	<0.5	11	2	0	0	5	<0.5	13
1	0	0	2	<0.5	7	2	0	1	7	1	17
1	0	1	4	<0.5	11	2	1	0	7	1	17
2	1	1	9	2	21	5	0	2	43	15	110
2	2	0	9	2	21	5	1	0	33	11	93
2	3	0	12	3	28	5	1	1	46	16	120
3	0	0	8	1	19	5	1	2	63	21	150
3	0	1	11	2	25	5	2	0	49	17	130
3	1	0	11	2	25	5	2	1	70	23	170
3	1	1	14	4	34	5	2	2	94	28	220
3	2	0	14	4	34	5	3	0	79	25	190
3	2	1	17	5	46	5	3	1	110	31	250
3	3	0	17	5	46	5	3	2	140	37	310
4	0	0	13	3	31	5	3	3	180	44	500
4	0	1	17	5	46	5	4	0	130	35	300
4	1	0	17	5	46	5	4	1	170	43	190
4	1	1	21	7	63	5	4	2	220	57	700
4	1	2	26	9	78	5	4	3	280	90	850
4	2	0	22	7	67	5	4	4	350	120	1 000
4	2	1	26	9	78	5	5	0	240	68	750
4	3	0	27	9	80	5	5	1	350	120	1 000
4	3	1	33	11	93	5	5	2	540	180	1 400
4	4	0	34	12	93	5	5	3	920	300	3 200
5	0	0	23	7	70	5	5	4	1 600	640	5 800
5	1	1	34	11	89	5	5	5	≥2 400		

（用 5 份 10 mL 水样时，各种阳性和阴性结果组合时的最大可能数）

5 个 10 mL 管中阳性管数	每 100 mL 水样中大肠菌群最大可能数
0	<2.2
1	2.2
2	5.1
3	9.2
4	16.0
5	>16

附录八　堆肥腐熟度的判定

堆肥腐熟度的判定依据以下 4 方面标准。

一、外观变化

堆肥腐熟时温度较低，且不再进行激烈的分解；外观呈茶褐色或黑色；结构疏松；没有恶臭气味。

二、工艺参数

1.堆温变化

对于无发酵仓式堆肥，堆温的变化具有良好的指示功能。通常肥堆经过了高温阶段后，温度将逐渐下降。当堆肥达到腐熟时，堆温将低于 40℃。但对于发酵仓式堆肥，堆温的指示功能不如无发酵仓式堆肥。因为密封仓保温性好、堆层容积大，堆肥达稳定时的温度仍可能较高。

2.耗氧速率

耗氧速率是指氧气所占混合气体体积百分比在单位时间内的减少值，可用 $\Delta O_2 \%/min$ 表示。在堆肥过程中，氧气的消耗或二氧化碳的产生速率反映了有机物分解的程度和堆肥反应的进行程度。耗氧速率测定受原料成分的影响较小。只要在堆层中氧气供应充分，测得的耗氧速率就比较稳定可靠。从堆积至腐熟的过程中，耗氧速率曲线表明其变化由低至高再下降，然后趋于稳定。当堆肥稳定时，相对耗氧速率基本稳定在 0.02 $\Delta O_2 \%/min$ 左右。

三、化学指标

1. 有机质和挥发性固体含量的变化

随着堆肥的进行,堆肥有机质和挥发性固体含量呈持续下降的趋势,最后达到基本稳定。达到腐熟时,有机质和挥发性固体含量可下降 15%～30%。然而这种变化趋势受原料来源的影响较大。仅用其来衡量堆肥是否腐熟,还不充分。

2. 氮、C/N 比及无机氮形态的变化

在堆肥过程中部分有机碳将被氧化成二氧化碳挥发损失,因而肥堆质量减少。由于氮的损失(主要是在有机氮的氨化阶段,少量的氨氮会挥发)远低于有机碳的损失,因此堆肥腐熟过程 C/N 比持续下降,直至稳定。当堆料的 C/N 比从 25：1～35：1 下降到 20：1 以下时,肥堆将达到稳定。

堆肥过程中无机氮形态会发生明显的变化。氨态氮在很短的时间内迅速增高,随后大幅度下降,而硝酸盐则从开始起持续升高。

同样,上述指标由于受原料来源和工艺条件的影响较大,不能作为评价堆肥腐熟度的唯一指标。

3. 水溶性有机碳及水溶性有机碳与有机氮之比

在堆肥过程中,堆肥水浸液中水溶性有机碳的变化比堆料固体有机碳的变化明显得多。当堆肥腐熟时,水溶性有机碳可下降 50% 以上。浸提液中有机氮也有类似的规律,但降幅远没有水溶性有机碳大。近年来发现,水溶性有机碳与水溶性有机氮的比值是堆肥腐熟的良好化学指标,该值为 5～6 时,表明堆肥已经腐熟,而且该值与堆肥原料无关。

四、生物学指标

通常采用堆肥水浸提液对种子萌发的影响,或堆肥对幼苗生长的影响,作为生物指标衡量堆肥的稳定程度。当堆肥没有达到稳定时,堆肥的水浸提液具有一定的植物毒性,会妨碍种子萌发和根的生长。种子萌发实验的时间一般为 24 h,它是评价堆肥稳定程度较直接的指标之一。实验用的种子包括水芹、胡萝卜、芥菜、白菜、小麦、番茄等,目前国际上应用最多的是水芹(*Oenanthe javanica*)种子,它对环境的敏感性高,发芽快。种子萌发实验的结果一般用种子发芽指数来表示(%):

种子发芽指数(%)＝[(堆肥浸提液处理种子的发芽率×堆肥浸提液处理种子的根长)÷(去离子水处理种子的发芽率×去离子水种子的根长)]×100%

具体做法:堆肥鲜样按照水：物料比＝1：2 浸提,160 r/min 振荡 1 h 后过滤,吸取 5 mL 滤液于铺有滤纸的培养皿中。滤纸上放置 10 粒水芹种子,25℃下暗室中培养 24 h,测定种子的根长,同时用去离子水做空白对照,按上述公式计算种子发芽指数。当水芹种子发芽指数达到 50% 以上时,被认为已消除植物毒性,堆肥基本到达稳定化。

附录九　化学需氧量的测定——重铬酸钾法（COD$_{Cr}$）

一、测定原理

在强酸性溶液中，一定量的重铬酸钾氧化水中还原性物质，过量的重铬酸钾可以用试亚铁灵作为指示剂、用硫酸亚铁铵溶液回滴，根据用量计算出水样中还原性物质消耗氧的量。

因为氯离子能被重铬酸盐氧化，并且能与硫酸银作用产生沉淀，影响测定结果，所以在回流前向水样中加入硫酸汞，使之形成络合物以消除干扰。氯离子含量高于 2 000 mg/L 的样品应先定量稀释至 2 000 mg/L 以下，再进行测定。

用 0.25 mol/L 重铬酸钾溶液可测定大于 50 mg/L 的 COD 值；用 0.025 mol/L 重铬酸钾溶液可测定 5～50 mg/L 的 COD 值，但准确度较差。

二、仪器与试剂

(1)回流装置：取样量不超过 30 mL，使用带 250 mL 锥形瓶的全玻璃回流装置。如取样量在 30 mL 以上，采用 500 mL 锥形瓶的全玻璃回流装置。

(2)加热装置：电热板或变阻电炉。

(3)50 mL 酸式滴定管。

(4)重铬酸钾标准溶液（$\frac{1}{6}K_2CrO_7 = 0.250\ 0$ mol/L）：称取预先在 120℃烘干 2 h 的基准或优级纯重铬酸钾 12.258 g 溶于水中，移入 1 000 mL 容量瓶，稀释至标线，摇匀。

(5)试亚铁灵指示液：称取 1.485 g 邻菲咯啉（$C_{12}H_8N_2 \cdot H_2O$, 1, 10-phenanthonline）、0.695 g 七水合硫酸亚铁（$FeSO_4 \cdot 7H_2O$）溶于水中，稀释至 100 mL，储存于棕色瓶内。

(6)硫酸亚铁铵标准溶液：称取 39.5 g 硫酸亚铁铵溶于水中，边搅拌边缓慢加入 20 mL 浓硫酸，冷却后移入 1 000 mL 容量瓶中，加水稀释至标线，摇匀。临用前，用重铬酸钾标准溶液标定。

标定方法如下：准确吸取 10.00 mL 重铬酸钾溶液于 500 mL 锥形瓶中，加水稀释至 110 mL 左右，缓慢加入 30 mL 浓硫酸，混匀。冷却后，加入 3 滴试亚铁灵指示液（约 0.15 mL），用硫酸亚铁铵溶液滴定。溶液的颜色由黄色经蓝绿色至红褐色即为终点。

$$c_{(NH_4)_2Fe(SO_4)_2} = \frac{0.250\ 0 \times 10.00}{V}$$

式中，$c_{(NH_4)_2Fe(SO_4)_2}$ 为硫酸亚铁铵标准溶液浓度（mol/L）；V 为硫酸亚铁铵标准滴定溶液的用量(mL)。

(7)硫酸-硫酸银溶液:于 2 500 mL 浓硫酸溶液中加入 25 g 硫酸银,放置 1~2 d,不时摇动使其溶解。(如无 2 500 mL 容器,可在 500 mL 浓硫酸中加入 5 g 硫酸银)

(8)硫酸汞:结晶或粉末。

三、测定步骤

(1)取 20 mL 混合均匀的水样(或取适量水样稀释至 20 mL)置于 250 mL 磨口回流锥形瓶中,准确加入 10 mL 重铬酸钾标准溶液及数粒小玻璃或沸石,连接磨口回流冷凝管,从冷凝管上慢慢加入 30 mL 硫酸银溶液。轻轻摇动锥形瓶使溶液混匀,加热回流 2 h(自开始沸腾时计时)。

测水样化学需氧量时,可先取上述操作所需水样和试剂的 1/10 体积,于 15 mm×150 mm 硬质玻璃试管中摇匀,加热后观察是否变绿。如溶液显绿色,则适当减少水样量,直到溶液不变绿为止。这样可确定水样分析时应取用的体积。稀释时,所取水样量不得少于 5 mL。如果化学需氧量很高,则水应多次稀释。

废水中氯离子含量超过 30 mg/L 时,应先把 0.4 g 硫酸汞加入锥形瓶中,再加 20 mL 水样(或适量稀释的水样 20 mL),摇匀。以下操作同前。

(2)冷却后,用 90 mL 水冲洗冷凝管壁,取出锥形瓶,加蒸馏水至溶液总体积不少于 140 mL,否则因酸度太大,滴定终点不明显。

(3)溶液再度冷却后,加 3 滴试亚铁灵指示液,用硫酸亚铁铵标准溶液滴定。溶液的颜色由黄色经蓝绿色至红褐色即为终点。记录硫酸亚铁铵标准溶液的用量。

(4)测定水样的同时,以 20 mL 重蒸馏水为空白对照样,按同样步骤操作,记录滴定空白对照样时硫酸亚铁铵标准溶液的用量。

四、数据处理

$$\text{COD}_{\text{Cr}}(\text{以 O}_2 \text{ 计})(\text{mg/L}) = \frac{(V_0 - V_1) \times c \times 8 \times 1\,000}{V}$$

式中,c 为硫酸亚铁铵标准溶液的浓度(mol/L);V_0 为滴定空白对照样时硫酸亚铁铵标准溶液的用量(mL);V_1 为滴定水样时硫酸亚铁铵标准溶液的用量(mL);V 为水样的体积(mL);8 为氧($\frac{1}{2}$O)摩尔质量(g/mol)。

五、注意事项

(1)使用 0.4 g 硫酸汞络合氯离子的最高量可达 40 mg。如取用 20 mL 水样,最高可络合氯离子浓度为 2 000 mg/L 的水样。若氯离子浓度较低,也可少加硫酸汞,以保持硫酸汞:氯离子=10:1(质量比)。出现少量氯化汞沉淀不影响测定。

（2）水样取用体积可为 10.00～50.00 mL，但试剂用量及浓度需按表 6 进行相应调整，也可得到满意的结果。

附录-表6 水样取用量和试剂用量

水样体积 /mL	试剂用量				滴定前 总体积 /mL
	0.250 0 mol/L 重铬酸钾溶液/mL	硫酸-硫酸银 溶液/mL	硫酸汞/g	硫酸亚铁铵 /(mol/L)	
10.0	5.0	15	0.2	0.050	70
20.0	10.0	30	0.4	0.100	140
30.0	15.0	45	0.6	0.150	210
40.0	20.0	60	0.8	0.200	280
50.0	25.0	75	1.0	0.250	350

（3）对于化学需氧量小于 50 mg/L 的水样，应改用 0.025 0 mol/L 重铬酸钾标准溶液，回滴时用 0.01 mol/L 硫酸亚铁铵标准溶液。

（4）水样加热回流后，溶液中重铬酸钾剩余量应以加入量的 1/5～4/5 为宜。

（5）用邻苯二甲酸氢钾（$HOOCC_6H_4COOK$）标准溶液检查试剂的质量和操作技术时，由于每克邻苯二甲酸氢钾的理论 COD_{Cr} 为 1.176 g，所以溶解 0.425 1 g 邻苯二甲酸氢钾于重蒸馏水中，转入 1 000 mL 容量瓶，用重蒸馏水稀释至标线，使之成为 500 mg/L 的 COD_{Cr} 标准溶液，用时现配。

（6）COD_{Cr} 的测定结果应保留 3 位有效数字。

（7）每次实验时，应对硫酸亚铁铵标准溶液进行标定，室温较高时尤其应注意其浓度的变化。

附录十　碘量法测定水中溶解氧

一、测定原理

氢氧化亚锰在碱性溶液中，被水中溶解氧氧化成四价锰的水合物 H_4MnO_4，但在酸性溶液中四价锰又能氧化碘化碘而析碘（I_2）。析出碘的物质的量与水中溶解氧的物质的量相等，因此可用硫代硫酸钠的标准溶液滴定。反应式如下：

$$MnSO_4 + 2NaOH \longrightarrow Mn(OH)_2 \downarrow （白色）+ Na_2SO_4$$

$$2Mn(OH)_2 \xrightarrow{O_2} 2H_2MnO_3 \downarrow （棕色）\xrightarrow{H_2O} 2H_4MnO_4 \downarrow （棕色）$$

$$H_4MnO_4 + 2KI + 2H_2SO_4 \longrightarrow MnSO_4 + I_2 + K_2SO_4 + 4H_2O$$

$$2Mn(OH)_2 + O_2 \xrightarrow{H_2O} 2H_3MO_3 \downarrow （棕色）$$
$$2H_3MO_3 + 3H_2SO_4 + 2KI \longrightarrow 2MnSO_4 + I_2 + K_2SO_4 + 6H_2O$$
$$I_2 + 2Na_2S_2O_3 \longrightarrow 2NaI + Na_2S_4O_6$$

根据硫代硫酸钠的用量,可计算出水中溶解氧的含量。

二、仪器与试剂

(1)具塞碘量瓶(250 mL 或 300 mL)。

(2)硫酸锰溶液:称取 480 g 四水合硫酸锰($MnSO_4 \cdot 4H_2O$)溶于 1 000 mL 水中。若有不溶物,应过滤。

(3)碱性碘化钾溶液:称取 500 g 氢氧化钠溶于 300～400 mL 水中;另称取 150 g 碘化钾溶于 200 mL 水中。待氢氧化钠溶液冷却后,将两种溶液混合,稀释至 1 000 mL,储存于塑料瓶内,用黑纸包裹避光。

(4)浓硫酸。

(5)3 mol/L 硫酸溶液。

(6)1%淀粉溶液:称取 1 g 可溶性淀粉,用少量水调成糊状,然后加入刚煮沸的 100 mL水(也可加热 1～2 min)。冷却后加 0.1 g 水杨酸或 0.4 g 氯化锌防腐。

(7)0.025 mol/L 重铬酸钾标准溶液:称取 7.354 8 g 在105℃～110℃烘干 2 h 的重铬酸钾,溶解后转入 1 000 mL 容量瓶,用水稀释至标线,摇匀。

(8)0.025 mol/L 硫代硫酸钠溶液:称取 6.2 g 硫代硫酸钠溶于煮沸后冷却的水中,加入 0.2 g 无水硫酸钠,稀释至 1 000 mL,储存于棕色试剂瓶内。使用前用 0.025 0 mol/L重铬酸钾标准溶液标定。标定方法如下。

于 250 mL 碘量瓶中加入 100 mL 水、1 g 碘化钾、5 mL 0.025 mol/L 重铬酸钾溶液和 5 mL 3 mol/L 硫酸,摇匀,加塞后置于暗处 5 min。用待标定的硫代硫酸钠溶液滴定至浅黄色。加入 1%淀粉溶液 1 mL,继续滴定至蓝色刚好消失,记录用量。平行做 3 份。

硫代硫酸钠溶液的浓度 c_1 为

$$c_1 = \frac{6 \times c_2 \times V_2}{V_1}$$

式中,c_2 为重铬酸钾标准溶液的浓度(mol/L);V_1 为消耗硫代硫酸钠溶液的体积(mL);V_2 为重铬酸钾标准溶液的体积(mL)。

三、测定步骤

(1)将洗净的 250 mL 碘量瓶用待测水样荡洗 3 次。用虹吸法取水样注满碘量瓶,迅速盖紧瓶盖,瓶中不能留有气泡。平行做 3 份水样。

(2)取下瓶塞,分别加入 1 mL 硫酸锰溶液和 2 mL 碱性碘化钾溶液。(加溶液时,移液管顶端应插入液面以下)盖上瓶塞,注意瓶内不能留有气泡。将碘量瓶反复摇动数次,静置。当沉淀物下降至瓶高一半时,再颠倒摇动一次,继续静置。待沉淀物下降到瓶底后,轻启瓶塞,加入 3 mL 浓硫酸(移液管插入液面以下)。小心盖好瓶塞,颠倒摇匀。此时沉淀应溶解。若溶解不完全,可再加入少量浓硫酸至溶液澄清且呈黄色或棕色(因析出游离碘)。置于暗处 5 min。

(3)从每个碘量瓶内取出 2 份 100 mL 水样,分别置于 250 mL 碘量瓶中,用硫代硫酸钠溶液滴定。当溶液呈微黄色时,加入 1‰淀粉溶液 1 mL,继续滴定至蓝色刚好消失,记录用量。

四、数据处理

$$溶解氧浓度(mg/L) = \frac{\frac{c_1}{2} \times V_1 \times 16 \times 1\,000}{100.0}$$

式中,c_1 为硫代硫酸钠溶液的浓度(mol/L);V_2 为消耗硫代硫酸钠溶液的体积(mL)。

五、注意事项

(1)水样呈强酸或强碱时,可用氢氧化钠或盐酸溶液调 pH 至中性后测定。

(2)水样中游离氯浓度大于 0.1 mg/L 时,应先加入硫代硫酸钠除去。方法如下:250 mL 的碘量瓶装满水样,加入 5 mL 3 mol/L 硫酸和 1 g 碘化钾,摇匀。此时应有碘析出。吸取 100 mL 该溶液于另一个 250 mL 碘量瓶中,用硫代硫酸钠标准溶液滴定至浅黄色,加入 1‰淀粉溶液 1 mL,再滴定至蓝色刚消失。根据计算得到的氯离子浓度,向待测水样中加入一定量的硫代硫酸钠溶液,以消除游离氯的影响。

(3)水样采集后,应加入硫酸锰和碱性碘化钾溶液以固定溶解氧。如水样含有藻类、悬浮物、氧化还原性物质,必须进行预处理。

附录十一　生化需氧量的测定——BOD$_5$

一、测定原理

微生物分解有机物是一个缓慢的过程,要把可分解的有机物全部分解常需要 20 d 以上的时间。微生物的活动与温度有关,所以测定生化需氧量时,常以 20℃作为测定的标准温度。一般来说,在第 5 天消耗的氧量大约是总需氧量的 70%。为便于测定,目前国内外普遍采用 20℃培养 5 d 所需要的氧作为指标,以氧的 mg/L 表示,简称 BOD$_5$。

水体发生生物化学过程必须具备以下条件。

(1)水体中存在能降解有机物的好氧微生物。对于易降解的有机物,如糖类、脂肪酸、油脂等，一般微生物均能将其降解；如硝基或磺酸基取代芳烃等，则必须进行生物菌种驯化。

（2）有足够的溶解氧。为此，实验用的稀释水要充分曝气以使氧达到饱和或接近饱和。稀释还可以降低水中有机污染物的浓度，使整个分解过程在有足够的溶解氧的条件下进行。

（3）有微生物生长所需的营养物质。本测定加入了一定量的无机营养物质，如磷酸盐、钙盐、镁盐和铁盐等。

将水样适当稀释，使其中含有足够的溶解氧以满足微生物 5 d 生化需氧的要求。将此水样分成两份：一份测定培养前的溶解氧；另一份放入 20℃恒温箱内培养 5 d 后测定溶解氧，两者差值即为 BOD_5。

水中有机污染物的含量越高，水中溶解氧消耗越多，生化需氧量也越高，表明水质越差。生化需氧量是种量度水中可被生物降解部分有机物（包括某些无机物）的综合指标，常用来评价水体有机物的污染程度，并已成为污水处理过程中的一项基本指标。

二、仪器与试剂

1. 器具

本测定所需器具有恒温培养箱|（20±1）℃|、20 L 细口玻璃瓶、抽气泵（或无油压缩泵）、250～300 mL 碘量瓶、特制搅拌棒（在玻棒下端装一个 2 mm 厚，大小和量筒相匹配的有孔橡皮片）。

2. 试剂

（1）氯化钙溶液：称取 27.5 g 无水氯化钙，溶于水中，定容至 1 L。

（2）三氯化铁溶液：称取 0.25 g 六水合三氯化铁，溶于水中，定容至 1 L。

（3）硫酸镁溶液：称取 22.5 g 七水合硫酸镁，溶于水中，定容至 1 L。

（4）磷酸盐溶液：称取 8.5 g 磷酸二氢钾、21.75 g 磷酸氢二钾、33.4 g 七水磷酸氢二钠和 1.7 g 氯化铵，溶于水中，定容至 1 L。调 pH 至 7.2。

（5）葡萄糖-谷氨酸溶液。分别称取 150 mg 葡萄糖和谷氨酸（均于 130℃烘过 1 h），溶于水中，定容至 1 L。

（6）1 mol 盐酸溶液。

（7）1 mol 氢氧化钠溶液。

（8）稀释水：在 20 L 玻璃瓶内加入 18 L 水，用抽气泵或无油压缩机通入清洁空气 2～8 h，使水中溶解氧饱和或接近饱和（20℃时溶解氧大于 8 mg/L）。使用前，每升水中加入氯化钙溶液、三氯化铁溶液、硫酸镁溶液和磷酸盐溶液各 1 mL，混匀。稀释水 pH 应为 7.2，BOD_5 值应小于 0.2 mg/L。

（9）接种稀释水：取适量生活污水于 20℃放置 24～36 h，上清液即为接种液。每升稀释水中加入 1～3 mL 接种液即为接种稀释水。对某些特殊工业废水最好加入专门培养驯化过的菌种。

（10）其他溶液：碘量法测定溶解氧的试剂。

三、测定步骤

1. 水样的采集、保存和预处理

（1）采集水样于适当大小的玻璃瓶中（根据水质情况而定），用玻璃塞塞紧且不留气泡。采样后需在 2 h 内测定；否则应于 4℃或低于 4℃的条件下保存，保存时间不应超过 10 h。

（2）用 1 mol 氢氧化钠溶液或 1 mol 盐酸溶液调节 pH 为 7.2。

（3）游离氯大于 0.1 mg/L 的水样，加亚硫酸钠或硫代硫酸钠除去。取 100 mL 待测水样于碘量瓶中，加入 1 mL 1‰硫酸溶液，1 mL 10％碘化钾溶液，摇匀。以淀粉为指示剂，用标准硫代硫酸钠或亚硫酸钠溶液滴定。计算 100 mL 水样所需硫代硫酸钠溶液的量，推算所用水样应加入的量。

（4）确定稀释倍数。稀释比根据水中有机物的含量来确定。较清洁的水样不需要稀释；污染严重的水样，稀释 100～1 000 倍。常规沉淀过的污水，稀释 20～100 倍。受污染的河水，稀释 0～4 倍。性质不了解的水样，稀释倍数据 COD 值估算，取大于 COD_{Mn} 的 1/4，小于 COD_{Cr} 的 1/5。原则上，以培养后减少的溶解氧占培养前溶解氧的 40％～70％为宜。

2. 水样的稀释

据确定的稀释倍数，用虹吸法把一定量的污水引入 1 L 量筒中，再沿筒壁慢慢加入所需稀释水（接种稀释水），用特制搅拌棒在水面下慢慢搅匀（不应产生气泡），然后沿瓶壁慢慢倾入两个预先编号、体积相同（250 mL）的碘量瓶中，直到充满后溢出少许为止。盖严并水封，注意瓶内不应有气泡。

用同样的方法配制另两份不同稀释比的水样。另取两个有编号的碘量瓶加入稀释水或接种水作为空白对照样。

3. 培养

将各稀释比的水样、空白对照样各取一瓶放入（20±1）℃的培养箱内培养 5 d，培养过程中需每天添加封口水。

4. 溶解氧的测定

（1）用碘量法测定未经培养的各稀释水样和空白对照样中剩余的溶解氧。

（2）用同样方法测定培养 5 d 后，溶解于水样中的剩余溶解氧。

四、测定数据处理

据以下公式计算 BOD_5。

$$BOD_5 \text{ 浓度(以 } O_2 \text{ 计)(mg/L)} = \frac{(D_1 - D_2) - (B_1 - B_2) \times f_1}{f_2}$$

式中,D_1 为稀释水样培养前的溶解氧量(mg/L);D_2 为稀释水样培养 5 d 后残留溶解氧量(mg/L);B_1 为稀释水(或接种稀释水)培养前的溶解氧量(mg/L);B_2 为稀释水(或接种稀释水)经培养 5 d 后残留溶解氧量(mg/L);f_1 为稀释水(或接种稀释水)在培养液中所占比例;f_2 为水样在培养液中所占比例。

参考文献

[1] 郝柏林.张淑誉.生物信息学手册[M].上海:上海科学技术出版社,2000.

[2] 黄秀梨.微生物学[M].北京:高等教育出版社,1998.

[3] 肖明,王雨净.微生物学实验[M].北京:科学出版社,2008.

[4] 沈萍,范秀荣,李广武.微生物学实验[M].北京:高等教育出版社,2006.

[5] 钱存柔,黄仪秀.微生物学实验教程[M].北京:北京大学出版社,2001.

[6] 彭珍荣.现代微生物学[M].武汉:武汉大学出版社,1995.

[7] 赵国屏.生物信息学[M].北京:科学出版社,2002.

[8] 钟扬.微生物学教程[M].北京:高等教育出版社,2001.

[9] 周德庆.微生物学实验教程[M].2版.北京:高等教育出版社,2006.

[10] 吕春梅.环境污染微生物学实验指导[M].哈尔滨:哈尔滨工业大学出版社,2006.

[11] 雷祚荣,等.细菌毒素分子生物学[M].北京:中国科学技术出版社,1993.

[12] 马放,任南琪,杨基先.污染控制微生物学实验[M].哈尔滨:哈尔滨工业大学出版社,2002.

[13] 唐丽杰.微生物学实验[M].哈尔滨:哈尔滨工业大学出版社,2005.

[14] 王家玲.环境微生物学实验[M].北京:高等教育出版社环境微生物学实验,1988.

[15] 钟文辉.环境科学与工程实验教程[M].北京:高等教育出版社,2013.

[16] 钟文辉.环境科学与工程实验[M].南京:南京师范大学出版社,2004.

[17] 肖琳,等.环境微生物实验技术[M].北京:中国环境科学出版社,2004.

[18] 和文祥.环境微生物学[M].北京:中国农业大学出版社,2007.

[19] 郑平.环境微生物学实验指导[M].杭州:浙江大学出版社,2005.

[20] 周群英,王士芬.环境工程微生物学(第四版)[M].北京:高等教育出版社,2015.

[21] 孙成,等.环境监测实验(第二版)[M].北京:科学出版社,2010.

[22] 罗泽娇,冯亮.环境工程微生物实验[M].武汉:中国地质大学出版社,2013.